Sitzungsberichte

der

Heidelberger Akademie der Wissenschaften

Stiftung Heinrich Lanz

Mathematisch-naturwissenschaftliche Klasse

*) *Jahrgang 1921 erschien im Verlage von Carl Winters Universitätsbuchhandlung in Heidelberg.*

Im Verlag von Walter de Gruyter & Co. vormals G. J. Göschen'sche Verlagshandlung — J. Guttentag, Verlagsbuchhandlung — Georg Reimer — Karl J. Trübner — Veit & Comp., Berlin erschienen:

Abteilung A. Mathematisch-physikalische Wissenschaften.

Jahrgang 1922: 3 Hefte.

Jahrgang 1923: 5 Hefte.

Jahrgang 1924: 11 Hefte.

Abteilung B. Biologische Wissenschaften.

Jahrgang 1923: 1 Heft.

Von Jahrgang 1925 ab findet die Trennung in Abteilung A und B nicht mehr statt.

Jahrgang 1925.

1. Heffter, Lothar. Zur absoluten Geometrie II. Reichsmark 0·50
2. Roeser, Ernst. Die komplementären Figuren der nichteuklidischen Ebene. Reichsmark 0·50
3. Fladt, Kuno. Neuer Beweis f. d. Zuordnung von rechtwinkligem Dreieck und Spitzeck in der hyperbolischen Elementargeometrie. Reichsmark 0·30
4. Salomon, Wilhelm. Beobachtungen über Harnische. Reichsmark 0·70
5. Loewy, A. Beiträge zur Algebra. 1—4. Reichsmark 1·—
6. Hellpach, Willy. 2. Mitteilung zur Physiognomik der deutschen Volksstämme. Reichsmark 0·30
7. Loewy, Alfred. Neue elementare Begründung u. Erweiterung der Galois'schen Theorie. Reichsmark 2·—
8. Curtius, Theodor u. Bertho, Alfred. Einwirkung von Stickstoffkohlenoxyd und von Stickstoffwasserstoffsäure unter Druck auf aromatische Kohlenwasserstoffe. Reichsmark 0·40
9. Roeser, Ernst. Die gnomonische Projektion in der hyperbolischen Geometrie. Reichsmark 0·70
10. Rasch, G. Über die Ausnützung der Gezeiten des Meeres zur Energiegewinnung. Reichsmark 0·80
11. Salomon, Wilhelm. Magmatische Hebungen. Reichsmark 1·20
12. Pütter, A. Altersbestimmungen an Drachenbäumen von Tenerife. Reichsmark 0·90
13. Volk, Otto. Über geodätische rhombische Kurvennetze auf krummen Flächen, insbesondere auf Flächen konstanter Krümmung. Reichsmark 1·10
14. Roeser, Ernst. Die Fundamentalkonstruktion der hyperbolischen Geometrie. Reichsmark 1·40

(Fortsetzung siehe 3. Umschlagseite)

*) **Bestellungen auf solche Veröffentlichungen der math.-naturw. Klasse, welche früher im Verlag von Carl Winters Universitätsbuchhandlung in Heidelberg erschienen sind, nimmt auch der Verlag Walter de Gruyter & Co., Berlin, entgegen.**

Sitzungsberichte
der Heidelberger Akademie der Wissenschaften
Mathematisch-naturwissenschaftliche Klasse
Jahrgang 1929. 12. Abhandlung.

Die Reibung, Wärmeleitung und Diffusion in Gasmischungen

V

14. Mitteilung aus dem Physikalisch-Chemischen Institut der Universität Heidelberg

(vorgetragen vor der Chemischen Gesellschaft Karlsruhe)

von

Max Trautz
in Heidelberg

Eingegangen am 26. Juli 1929.

Berlin und Leipzig 1929

Walter de Gruyter & Co.

vormals G. J. Göschen'sche Verlagshandlung / J. Guttentag, Verlagsbuchhandlung / Georg Reimer / Karl J. Trübner / Veit & Comp.

Die Reibung, Wärmeleitung und Diffusion in Gasmischungen V.

Inhalt.

---

1. Was dem Chemiker die Reindarstellung kristallisierter Stoffe, ist dem Physiker heute die Messung von Spektralfrequenzen. Hier wie dort ganzzahlige Beziehungen, quantenhaft, sprungweise Verschiedenes, eine abzählbare kombinierbare Mannigfaltigkeit von Stoffindividuen hier, individuellen Spektrallinien dort; beide mit bestimmten Eigenschaften, kein Übergang zum Nachbar; ein unabsehbares Variabilitätsbereich und eine raffiniert ausgebildete, sehr rasch arbeitende, im Spektralgebiet dank Photographie und Ausmeßverfahren Hunderte von Linien auf einen Schlag liefernde Methode; dazu eine wunderbare Systematik, gewonnen an genial ersonnenem Modell. Auf dem Gebiet der Spektralfrequenzen wiederholt sich, was man beim Aufblühen der organischen Chemie erlebte, daß ihm mehr und mehr Forscher zuwandern. Es kann nicht wundernehmen, wenn hier auch die Theorie Außerordentliches

leistet; kann sie doch bei solchen Bergen von Beobachtungsmaterial und bei der Schnelligkeit, womit es sich sammeln läßt, nie lange irren und bei der Genauigkeit der Messungen auch nie weit vom Weg abkommen.

Kurz ist hier auch die Strecke zwischen Beobachtung und rechnerischem Ergebnis. Schon die Ausmessung des Photogramms führt zur Frequenz, zur Termdifferenz. Die Gewinnung des Terms selbst ist das Ziel der Theorie, von der gemessenen zur theoretisch interessierenden Größe kaum ein Schritt, wenn dieser auch schwierig sein kann. Und alles geht so gut wie nur um Frequenzen; nicht entleiht auch die Theorie ihr Wesentlichstes aus Fremdgebieten, aus Messungen an anderen Größen, gar noch aus unoptischen.

2. Im Verhältnis zu dem ungeheuren Übergewicht und der Ausdehnung der Wissenschaft von den Strahlungsfrequenzen gehen alle anderen Größen der Naturwissenschaft auf engen Raum zusammen. Nicht so ihre Theorie.

Ihre Ausdehnung, sagen wir etwa in der Gastheorie der Mittelwertsgrößen steht, gemessen an den Verhältnissen der Spektraltheorie, in starkem Mißverhältnis zum Beobachtungsmaterial, das großenteils geradezu dürftig ist.

Gründe dafür liegen teils in der Messung der betreffenden physikalischen Größen selbst, teils auch in den dafür entworfenen Theorieen.

Die Größen selbst sind heute wenig gepflegt; denn sie sind nicht wie die Frequenzen im Spektrum, einzeln für sich erkennbare Signale von *unstetigen* Elementarvorgängen, sondern *statistische Mittelwerte*, *stetige* Funktionen der äußeren Bedingungen, meist auch solche der Temperatur; vergleichbar den bis vor kurzem doch meist nur mehr korrespondenzmäßiger Betrachtung gewürdigten Spektralintensitäten.

Hier bleibt es willkürlich, meist der bequemeren experimentellen Zugänglichkeit überlassen, welche Punkte der betreffenden Kurven man vermißt.

Der Theorie aber wird zu der Vorstellungswahl für die Elementarprozesse noch die Auswahl unter den möglichen Statistiken aufgebürdet. Ihr, der das meist ungenaue und oft uncharakteristischen Kurven entsprechende Material als einziger empirischer Halt geboten wird. Statt etwa der äußerst bezeichnenden Frequenzstufung, die ein Spektrum mit einem Schlag darbieten kann. Die Zahl der möglichen Annahmen erweist sich nicht selten zu groß, die Ergebnisse infolgedessen vielfach nicht zwangsläufig und selbst bei den schon durchgerechneten oft zu verwickelt, um den Zeitaufwand zu ihrer Benützung zu rechtfertigen.

Bedenkt man nämlich den hier weiten Weg zwischen Meßgröße und theoretisch interessierender Größe, etwa den zwischen der Messung der Durchströmungszeit eines Gasgemisches durch eine Kapillare und der bloßen Berechnung der reduzierten Reibungskonstante daraus und berücksichtigt man, daß eine Messung mit solch langer Rechnung nur eine Zahl gibt, so tritt die geringe materielle Ausbeute solcher Arbeit drückend in die Erscheinung; was natürlich für ihre geringe Pflege vielfach den Ausschlag gibt.

Man wird verstehen, daß dann der Experimentator oft abgeneigt ist, dieser ganzen Mühewaltung einen weiteren sehr großen Rechenaufwand anzuschließen, nur damit er zeige, ob er sich mit einer Möglichkeit, die der Theoretiker erwog, nicht im Widerspruch befindet. Vielmehr wird er selbst behelfsmäßige theoretische Wege suchen, die ihn befähigen, rechnerisch rascher vorauszusagen, was er experimentell nur langsamer erführe.

Für die mehratomigen Gase, denen wir uns vor allem zugewandt haben, ist dies Verfahren besonders geboten. Denn ihre spektralen und mechanisch-thermischen Eigenschaftsgrößen lassen sich heute zwar deuten, aber noch nicht hinreichend vorausberechnen. So z. B. C für mehratomige Gase, Reibungs- und Wärmeleitungsgrößen, also gerade solche Größen, deren der Techniker, der Wärmeingenieur wie der Gaskatalytiker nicht minder dringend bedarf als der Wissenschafter, der aus Betrag und Temperaturverlauf dieser Größen auf Atom-Anzahl, -Anordnung und -Bewegung in den Molekeln und auf ihre Austauschvorgänge beim Stoß schließen will.

Solche Mittelwertsgrößen mehratomiger Gase mechanisch oder spektraltheoretisch vorauszuberechnen, ist offenbar noch wenig aussichtsreich. Aber auch das in der Chemie übliche Verfahren additiver Berechnung mit konstitutiven Zusatzgrößen ist selbst hier, bei idealen Gasen, nicht einmal für bloße Gemische immer brauchbar, geschweige denn für Verbindungen. Darum bietet die Entwicklung besonderer Forschungsverfahren für mehratomige Gase auch an sich großes methodisches Interesse.

Der Erfolg hängt dabei z. T. maßgebend bereits von der Auswahl der bei diesem Vorgehen bevorzugten Eigenschaftsgröße ab. Die Erfahrungen im Spektralgebiet weisen auf die Bedeutung hin, die rascher Bestimmbarkeit, großem Variations- und Meßbereich, genauer Meßbarkeit und bezeichnender Abhängigkeit der Größen von der Stoffnatur zukommt. Man darf wohl sagen, daß in allen diesen Hinsichten die spezifische Wärme der Gase und dergleichen durch die kinetischen Eigenschaftsgrößen der Gase, ihre Diffusionskonstante, ihre Wärmeleitung und ihre Reibung bei weitem übertroffen werden, und daß unter diesen dreien wieder die Reibung weitaus am genauesten, im weitesten Bereich bestimmbar und auch für die Stoffnatur sehr kennzeichnend ist. Man denke dabei bloß an die Edelgase, deren Reibung kaum Vereinfachungen zeigt gegen die anderer Gase, und unter denen das Neon[1][2]) so aus der Reihe fällt, wie sich das vielleicht nur bei der VAN DER WAALS-Konstante b und der dielektrischen Kohäsion wiederholt. Gasreibungsgrößen sollten künftig auch die beste Handhabe bieten, die sonst weniger leicht zugänglichen Wärmeleitungs- und Diffusionsgrößen einfach vorauszuberechnen.

3. Der früheste Anlaß zu diesen Untersuchungen knüpfte sich aber an die Deutung der chemischen Reaktionsgeschwindigkeit und behandelte das Querschnittsparadoxon, auf das ich beim Göttinger Quanten-Kongreß hingewiesen habe[3]). In der Zweierstoßzahl, die in die Geschwindigkeitskonstante der bimolekularen Reaktionen eingeht, ist der mittlere Querschnitt $\pi\left(\frac{s_1 + s_2}{4}\right)^2$ der beiden im Stoß liegenden Molekeln enthalten. Er geht auch in die Gleichgewichtskonstante ein, woran diese Reaktion beteiligt ist. Er läßt sich nicht, ohne daß man bestimmte Bedingungen für die Beziehungen der sämtlichen s untereinander aufstellt, in zwei Faktoren zerlegen, deren jeder nur vom einen der beiden reinen Stoffe abhängt. Wohl aber tritt solche Zerlegbarkeit in den aus dem NERNSTschen Wärmesatz abgeleiteten Ausdrücken auf; denn der Summe der chemischen Konstanten, die doch Logarithmen sind, entspricht ein solches Produkt. Darum haben wir uns zuerst der Gasreibung zugewandt, weil sie die unmittelbarsten Aussagen über mittlere Querschnitte verspricht und so einen Anschluß an die Quantentheorie und vielleicht eine Erklärung des Querschnittsparadoxons in Aussicht stellt. Im Zusammenhang damit hoffen wir mit diesen Arbeiten letzten Endes auch dem Fortschritt der neuen Atomistik zu dienen.

So sind wir dazu gekommen, bei der Erforschung der Eigenschaftsgrößen mehratomiger Gase die Untersuchung der Gasreibung voranzustellen; immer mit dem letzten Ziel im Auge, bei bloßer Kenntnis

---

[1]) J. PULUJ, Wien. Ber. (II), **79**, 97, 745. 1879. CARLS Rep. **15**, 591, 633. 1879; s. auch O. E. MEYER, Gastheorie S. 200.

[2]) S. u. a. E. THOMSEN, Inaug.-Diss. Kiel 1911. Ann. d. Phys. (4) **36**, 815. 1911 NASINI und C. ROSSI, Gazz. chim. ital. **58**, 433—442, 898—921. 1928.

[3]) M. TRAUTZ, Lehrb. d. Chemie III, 86. 1924.

der chemischen Formeln der Komponenten von Gasmischungen und ihres Mischungsverhältnisses den Zahlwert der betr. Eigenschaftsgröße voraussagen zu können.

Die Gas-Reibung und -Wärmeleitung.

Während sich Gleichgewichtseigenschaften, z. B. Teildrucke oder Molwärmen in Mischungen idealer Gase streng addieren, haben bekanntlich die Reibungskonstante wie die Wärmeleitzahl gekrümmte Mischungskurven (η gegen Molprozent), nicht selten mit Maxima.[1]) Die bisherigen, der Erfahrung meist nicht hinreichend genügenden Mischungsformeln (s. w. u.) nahmen, je sorgfältiger und folgerichtiger die mechanische Auffassung durchgeführt wurde, um so verwickeltere und undurchsichtigere Formen an. Daher wurden sie auch immer weniger an dem immerhin etwas spärlichen Beobachtungsmaterial geprüft. Der Zeitaufwand zu ihrer Benutzung widerspricht dem Zweck der Theorie, so daß man mit Grund bezweifeln wird, ob die streng mechanische Behandlung dieser Transportfragen nicht durch eine mehr phänomenologische zu ersetzen sei.

Darum gingen wir auf möglichst breiter Erfahrungsgrundlage vor, die wir uns großenteils erst selbst durch zahlreiche Messungen[2]) an Gasgemischen verschafften. Wir benützten die Durchströmungsmethode, maßen also Relativwerte, apparativ reduziert wegen Kapillarenausdehnung, Barometerschwankung, Hagenbachkorrektion und Unidealität der Gase, und [vorläufig auf den auch sonst viel verwendeten Hallenser Luftwert $1825 \cdot 10^{-7}$ bei 17.3° C, jetzt] auf den von Herrn Millikan[3]) mit $1824 \cdot 10^{-7} - 4{,}93\,(23^{0}\text{-t}) \cdot 10^{-7}$ als Norm bezogen. Über die Reproduzierbarkeit geben die η an den gut definierten Gasen H_2 oder N_2 eine Kontrolle. Die Messungen werden a. a. O. mitgeteilt (s. Ann. d. Phys.).

---

[1]) Th. Graham, Phil. Trans. **136**, 573. 1846; **151**, 373. 1861.

[2]) M. Trautz und W. Weizel, Ann. d. Phys. IV, **78**, 305—369. 1925 (SO_2-H_2). M. Trautz und A. Narath, Ann. d. Phys. IV, **79**, 637—672. 1926. ($HCl-H_2$). Berichtigungen zu Narath s. a. a. O. Heidelberger Inauguraldissertationen von F. W. Stauf, Reibung von C_2H_4 und Mischungen mit H_2. 1927. P. B. Baumann, Reibung von N_2 oder CO und Mischungen mit H_2. Äther mit H_2. 1928. K. Kipphan, Reibung von ternären Gemischen von $He-Ne-Ar$. 1929. H. Binkele, Reibung von Edelgasmischungen mit H_2. 1929. W. Ludewigs, Reibung von CO-, $Fe(CO)_5$- oder Ar-Mischungen mit H_2. 1930.

[3]) Millikan, Ann. d. Phys. IV, **41**, 759—766. 1913.

A. Die Reibungskonstante und die Wärmeleitzahl reiner Gase.

1. Man kann[1]) bereits mit ganz primitiven Vorstellungen die allgemeinen Ausdrücke für Reibung und Wärmeleitung der Gase ableiten:

Man greift aus einer großen Gasmasse einen cm^3-Würfel heraus, in dessen senkrechter Kantenrichtung ein Geschwindigkeitsgefälle Δc bestehe. Die wagrechten Schichten im Würfel sollen laminar gleichförmig aneinander vorbeigeschoben aufeinander reiben. Durch jede horizontale Schicht, die eine mittlere Weglänge λ dick sei, wird vermöge der Molekelstöße Bewegungsgröße übertragen. Ist die Stoßzahl $/cm^3 \cdot sec$ gleich z, so werden in dieser Zeit und diesem Volumen $2z/A = Z$ Mole (A = Loschmidt-Zahl) gestoßen. Das sind $Z \cdot M$ Gramm, wenn M das Molgewicht ist. In der Weglängenschicht wird nur das λ-fache gestoßen. Gleicht jeder Stoß den Unterschied $\lambda \Delta c$ eben aufs Mittel aus, so wird im Mittel der Impuls $/ cm^3 \cdot sec$ übertragen:

$$Z \cdot M \cdot \lambda \left(\frac{\lambda \Delta c}{2}\right) \tag{1}$$

Division durch das Gefälle hebt dieses heraus und liefert die Reibungskonstante η, die gesucht ist, oder analog die Wärmeleitzahl K. Man kann auch mit sehr allgemeinen Voraussetzungen Stoßzahl und Weglänge bestimmen: Die Verteilung soll stationär sein, aber keinem spezielleren Gesetz unterliegen; und auch Annahmen über die Molekelgestalt werden zunächst vermieden.

Stößt eine Molekel der mittleren Weglänge λ in der Sekunde N mal zusammen, so ist ihre mittlere Geschwindigkeit $c = \lambda \cdot N$, was in bekannter Weise für elastische Kugeln zu $c = \alpha \cdot \sqrt{\frac{3RT}{M}}$ führt, wo α eine Konstante ist, von der nichts weiteres ausgesagt wird. Notwendig steht die Einzelstoßzahl N zur Molkonzentration C und dem mittleren Treffquerschnitt q der einzelnen Molekel in der Beziehung

$$N = c \cdot q \cdot CA, \text{ woraus die Weglänge } \lambda = \frac{1}{qCA} \tag{2 a, b}$$

sich ergibt. Von der im cm^3 und der sec gestoßenen Gesamtmolzahl $Z = NC$ braucht nur ein Bruchteil β, der die Stoßausbeute angibt, Bewegungsgröße zu übertragen. Zieht man zusammen $\alpha\beta = \varphi$, so ist die Gesamtzahl der im cm^3 und der Sekunde wirksam gestoßenen Mole:

$$Z = q \cdot \varphi \cdot A \cdot \sqrt{\frac{3RT}{M}} \cdot C^2 \tag{3}$$

Man vereinigt dies mit Gl. (2) in Gl. (1).

Die Reibungskonstante eines reinen idealen Gases wird dann:

$$\eta = \frac{\varphi}{q} \cdot \frac{1}{2A} \sqrt{3RTM} \tag{4}$$

2. Vom Querschnitt q wird man die Größenordnung $10^{-16}\,cm^2$ und weitgehend Temperaturunabhängigkeit erwarten. Höhere Oszil-

[1]) M. TRAUTZ, Ann. d. Phys. IV, **82**, 227–239. 1927.

lationsquantenstufen werden andere, wahrscheinlich höhere q aufweisen; ähnlich kann andere Anregung wirken.

Vorgetäuscht wird ein umgekehrter Temperatureinfluß, wenn das Gas nicht, wie der Ansatz für ideales Gas voraussetzt, einheitlich ist, sondern Di- oder Polymere größeren Querschnitts enthält, m. a. W. ein unvollkommenes Gas ist, das sich mit steigender Temperatur vervollkommnet. Molekularmechanisch bildet man q-Verkleinerung bei steigender Temperatur auch durch die Annahme tieferer elastischer Einbeulung der Molekeln infolge der höheren Fluggeschwindigkeit ab.

Zur Korrektion der Gasreibungskonstanten auf ideales Gas gehört also nicht bloß die bisher schon selbstverständliche, allerdings kaum übliche Beseitigung gewissermaßen analytischer (die durchgeströmte Gasmenge betreffender) aus Gasunvollkommenheit stammender Fehler, sondern weiterhin die Reduktion von η auf $v = \infty$. (S. S. 38 und 40.)

3. Der Faktor φ, von der Größenordnung Eins, enthält eine Ausbeutegröße β, muß also von der Temperatur, genähert nach REINGANUM-SUTHERLAND-CHAPMAN abhängen, kann außerdem Einflüsse der Molekelgestalt, vielleicht auch der Molekelmasse enthalten.

Bisher wandte man auf theoretische Ermittelung absoluter Werte von φ aus mechanischen Voraussetzungen großen Scharfsinn und berechnete mit den so bestimmten φ die[1]) Querschnitte q. Ihre, für Edelgase in gewissen Temperaturbereichen bestätigten, Beträge und Verhältniswerte gerieten aber damit ganz oder teilweise in Abhängigkeit von den immerhin speziellen Voraussetzungen.

4. Für uns stand das Interesse an dem temperaturabhängigen φ zunächst hinter dem an den mindestens genähert temperaturunabhängigen Querschnitten q zurück; denn bereits diejenigen Eigenschaftsgrößen idealer Gase, die die Zeit nicht enthalten, etwa die Drucke, die Molwärmen u. dgl. hängen von der Konzentration in Gemischen weit einfacher ab als von der Temperatur, während letztere bei mehratomigen Gasen nicht bloß die kinetischen Eigenschaften, sondern bereits die Molwärme zu einer höchst individuellen Größe variiert.

Deshalb wünschten wir zuerst möglichst viel über die Konzentrationsfunktion der Reibung und Wärmeleitung der Gase zu ermitteln, um uns dann erst den Temperaturkoeffizienten zuzuwenden.

Wir haben also zur q-Berechnung nicht Absolutwerte von η für reine Gase (allein), sondern solche von Gemischen beigezogen, und auch da letzten Grundes nur Differenzen von je zweien benützt. Das ist der eine Unterschied gegen bisher.

---

[1]) Vgl. z. B. JEANS, Dynam. Theorie d. Gase, übs. von FÜRTH 1926, namentlich die da erwähnten Arbeiten von D. ENSKOG (Dissert. Uppsala 1917).

Der andere liegt darin, daß wir die übliche Frage nach Absolutwerten von q oder φ zunächst überhaupt nicht stellen, sondern nur nach Verhältniswerten: rechnerisches Differentialverfahren.

Es empfiehlt sich, die Verhältniswerte getrennt zu ermitteln, die der q für sich, die der φ mit ihrer Hilfe danach.

Beide weniger um ihrer selbst willen, als um mit ihnen die Vorausberechnung anderer Größen, u. a. Reibungs- oder Wärmeleitzahlen zu ermöglichen. Die mechanische Behandlung der φ und q wird ohnehin wegen Quantengesetzen wohl nicht konsequent durchführbar sein, so daß beide mehr Rechengrößen bleiben.

B. Reibungskonstante η und Wärmeleitzahl K von Gasmischungen.

1. Frühere Formen des Mischungsansatzes.

Sonst ausgezeichnete Werke, ausführliche Lehr- und Handbücher[1]) widmen der Literatur unseres Gebiets und ihrer Kritik nur kargen Raum, erwähnen auch oft wesentliche Arbeiten nicht, so z. B. die, worin SUTHERLAND, vor THIESEN und WASSILJEWA, beide vorwegnimmt mit einem besseren und mehr gedeuteten Ausdruck.

Ist eine Eigenschaftsgröße, z. B. η als Funktion von Zustandsparametern (Druck, Temperatur usf.) und von anderen Eigenschaftsgrößen (Molgewichte, Molekelquerschnitte), sowie von Konstanten (Gaskonstante, Loschmidtzahl u. a.) gegeben, sofern ein reiner Stoff vorliegt, so kann diese Funktion, an einem Gemisch (Molenbruch x) betrachtet, entweder als solche erhalten bleiben, indem die Stoff-Konstanten aus denen der Komponenten gemittelt sind. Oder die Funktion selbst ist aus den Funktionen der Komponenten gemittelt, deren jede die unveränderten Konstanten enthält. Im letzteren Fall haben wir „Fortexistenz" der Komponenten im Gemisch, im ersteren erstreckt sich der Mischungsvorgang bis in die einzelne Molekel, und dies stellt offenbar den Höchstfall des Mischungseinflusses dar.

Dieser Fall findet sich in PULUJS Mischungsformel[2]) für die Reibung und Wärmeleitung der Gase:

$$\eta = \frac{\eta_1 \sqrt{x + \frac{M_2}{M_1}(1-x)}}{\left[x + \left(\sqrt{\frac{M_2}{M_1} \cdot \frac{\eta_1}{\eta_2}}\right)^{3/2} (1-x)\right]^{2/3}} \tag{5a}$$

---

[1]) GEIGER-SCHEEL, Handb. d. Physik VII, 106—107. (Lagally) 1927. A. WINKELMANN, Handb. d. Phys. II, 2, 1405—1406. (Grätz) 1908. K. JELLINEK, Lehrb. d. Physikal. Chem. II, 699—700. 1915.

[2]) S. S. 6 Anm. 1.

bei symmetrischer Schreibweise:

$$\left(\frac{M_1 x + M_2(1-x)}{\eta^2}\right)^{3/4} = \left(\frac{M_1}{\eta_1^{\,2}}\right)^{3/4} x + \left(\frac{M_2}{\eta_2^{\,2}}\right)^{3/4}(1-x). \qquad (5\text{b})$$

Sie leitet sich durch Einsetzen von

$$\left.\begin{aligned} M &= M_1 x + M_2(1-x) && \text{(Molgewichte)} \\ s^3 &= s^3_1 x + s^3_2(1-x) && \text{(Durchmesser } s\text{)} \\ mc^2 &= m_1 c^2_1 && \text{(Kinetische Energie)} \end{aligned}\right\} \qquad (5\text{c})$$

in die bekannte vereinfachte gastheoretische Gleichung $\eta = \frac{mc^2}{4\pi s^2}$ formal ab. Sie enthält keine weiteren Konstanten und ist ohne Kritik vielfach benützt worden [1]), wenn sie auch z. B. Hr. S. Weber [2]) ablehnt, da ihre Mittelung sehr roh. Da sich die Mischung bei Gasen bekanntlich nicht in die Molekeln erstreckt, so kann Puluj s Ausdruck nicht zur Erfahrung stimmen, und er tut das bekanntlich auch nicht. Die Abweichungen bei K sind sehr groß, bei η erreichen sie in maximo etwa 7 v. H. Genäherte Übereinstimmungen kommen natürlich vor.[3])

Den Mindestfall des Mischungseinflusses bildet die Mischungsregel $\eta = \eta_1 x + \eta_2(1-x)$ ab. Hier sind die Stoffkonstanten die der reinen Stoffe. Dieser Ansatz verkennt, daß der Reibungsvorgang an den Zweierstoß gebunden und deshalb bei binärer A-B-Mischung um die A-B-Reibung bereichert sein muß, die in den reinen rechnerisch allein berücksichtigten Gasen fehlt. Genäherte Übereinstimmungen finden sich natürlich auch hier.[4])

Zwischen beiden Extremen liegt die Wirklichkeit. Streng gastheoretisch mit ihr in genauen Einklang zu kommen, ohne Anpassungskonstante, gelang bisher nicht.

Immerhin aber lassen sich alle weiteren Mischungsformeln für η und K, was die Abhängigkeit von den Konzentrationen x und $1-x$ anlangt, auf die Gestalt der ältesten (1868) unter ihnen, der von Maxwell [5]), umformen. Sie lautet:

$$\eta = \frac{p_0 T}{\varrho_0 T_0}\left[\frac{Ex^2 + Fx(1-x) + G(1-x)^2}{E'x^2 + Hx(1-x) + G'(1-x)^2}\right] \qquad (6\text{a})$$

---

[1]) S. S. 6 Anm. 2.

[2]) S. Weber, Ann. d. Phys. IV, **54**, 481. 1917. Inaug.-Diss. Kopenhagen 1916.

[3]) P. Breitenbach, Wied. Ann. **67**, 803. 1899.

[4]) Siehe die sehr schöne Arbeit von A. Becker über Gasreibung in der Bunsenflamme, Ann. d. Phys. IV, **24**, 823. 1907.

[5]) J. Cl. Maxwell, Phil. Mag. **35**, 212. 1868. Scientific papers II, 72 ff. 1890.

worin

$$\left.\begin{aligned}
&E=\frac{k\cdot s_1}{s_1+s_2}(2\,s_2A_1+3\,s_1A_2); \quad E'=3\,A_2k_1s_1E; \quad k_1=\frac{p}{3\eta_1A_2\varrho_1}\\
&G=\frac{k\cdot s_2}{s_1+s_2}(2\,s_1A_1+3\,s_2A_2); \quad G'=3\,A_2k_2s_2G; \quad k_2=\frac{p}{3\,\eta_2A_2\varrho_2}\\
&F=3\,A_2\,(k_1s_1+k_2s_2)-(3\,A_2-2\,A_1)\cdot\frac{k\cdot 2\,s_1s_2}{s_1+s_2}; \quad k=\frac{p_1p_2}{\varrho_1\varrho_2\,A_1D}\cdot\frac{1}{p}\\
&H=3\,A_2s_1s_2\,(3\,k_1k_2A_2+2\,k_2A_1);\\
&A_1=4\,\pi\int\limits_0^\infty\cos^2\frac{1}{2}\,\Theta'\,\alpha\,d\alpha; \quad A_2=4\,\pi\int\limits_0^\infty\sin^2\Theta'\,\alpha\,d\alpha; \quad A_1=2,659;\\
&A_2=1,368.
\end{aligned}\right\}\quad(6\,\mathrm{b})$$

Darin bedeuten p_0 und ϱ_0 bei $0^0 C = T_0$ genommenen Druck, bzw. Dichte auf ein Normalgas bezogen; p ist der Gesamtdruck, p_1 und p_2 die Teildrucke, D die Diffusionskonstante, ϱ_1 und ϱ_2 die Dichten der Gase, s_1 und s_2 die Dichten bezogen auf ein Normalgas, alles bei der Temperatur T.

Über die Abhängigkeit des η von T setzt (6a), wie bereits Puluj [1]) bemerkte, voraus, daß sie für beide Komponenten dieselbe sei und für die Mischung. Er ersetzt daher den Faktor vor der Klammer durch $\frac{3}{2}A_2(k_1s_1\eta_1+k_2s_2\eta_2)$, welcher Ausdruck dann übrigens für die Wärmeleitung von Gemischen grob unzulängliche Resultate gibt.

In Maxwells Konstanten A geht die bekannte Annahme ein, daß sich die Molekeln verkehrt proportional der 5. Potenz der Entfernung abstoßen.

Die Konstanten k entnahm übrigens Maxwell nicht obigen Formeln, sondern verpaßte sie empirisch auf Grahams Messungen.[2])

Die Molekelquerschnitte fehlen in den Konstanten Maxwells natürlich nicht; sie sind nur durch die für Maxwell (Puluj und Chapman) charakteristische Benützung reziproker η verdeckt, die man in den Ausdrücken für die k sieht. Maxwells Temperaturfunktion und die Zahlwerte der Konstanten E, E', F, H, G, G' stimmen mit der Erfahrung nicht überein, was angesichts der speziellen Voraussetzungen nicht wundernimmt; diese Aussage trifft im allgemeinen auch die folgenden theoretisch abgeleiteten Ansätze.

1895 gewinnt Sutherland [3]) an Hand seiner Auffassung der gegenseitigen Anziehung der Molekeln und unter der oft üblichen Annahme, daß ein Stoß jeweils zur Ausgleichung der Differenz der

[1]) W. Sutherland, Phil. Mag. (5) **35**, 211—295. 1893. **38**, 1—19, 188—197. 1894.

[2]) S. S. 7 Anm. 1.

[3]) W. Sutherland, Phil. Mag. **40**, 421. 1895. Die Priorität dieser zugleich viel tiefergehenden Arbeit vor der meist statt ihrer zitierten von Thiesen ist hervorzuheben.

gerichteten Geschwindigkeit hinreiche, ein Mischungsgesetz, das wir gleichfalls auf die MAXWELLsche Form bringen können (ohne den Faktor $p_0 T / \varrho_0 T_0$ noch zu berücksichtigen) und wobei die Konstanten die folgenden Werte erhalten:

$$\left.\begin{array}{lll} E = \eta_1 a_2 & F = \eta_1 + \eta_2 & G = \eta_2 a_1 \\ E' = a_2 & H = (1 + a_1 a_2) & G' = a_1 \end{array}\right\} \quad (7\,\mathrm{a})$$

worin

$$a_1 = \frac{1}{4}\left[1 + \left[\frac{\eta_1 \sqrt{M_2}\,(1 + {}_1C_1/T)}{\eta_2 \sqrt{M_1}\,(1 + {}_2C_2/T)}\right]^{1/2} \cdot \sqrt{\frac{M_1 + M_2}{2\,M_2} \cdot \frac{1 + {}_1C_2/T}{1 + {}_1C_1/T}}\right]$$

und analog a_2. Für $a_1 = a_2 = 1$ gilt die Mischungsregel. Die C sind die SUTHERLANDkonstanten, die Indizes ${}_1C_2$ z. B. deuten an, daß es sich um 1, 2-Stöße handelt; den Weg zur Berechnung von ${}_1C_2$ aus der Zustandsgleichung findet man in SUTHERLANDS bekannter Arbeit [1]) angegeben. SUTHERLAND schreibt seine Gl. in der Form

$$\eta = \frac{\eta_1}{1 + a_1 \dfrac{1-x}{x}} + \frac{\eta_2}{1 + a_2 \dfrac{x}{1-x}} \quad (7\,\mathrm{b})$$

deren sich später auch THIESEN, WASSILJEWA, WEBER u. A. bedient haben.

Daß in (7 a) die η als Faktoren in E, F, G stehen, findet man auch bei THIESEN, WASSILJEWA, KUENEN, ENSKOG, TRAUTZ.

Um mit GRAHAMS Messungsergebnissen in Einklang zu kommen, mußte SUTHERLAND die a noch multiplizieren mit dem empirischen Faktor:

$$\left[\frac{2\,M_2}{M_1 + M_2}\right]^{3/4} \text{ und entsprechend für } a_2. \quad (7\,\mathrm{c})$$

Man kann dann die a auf die Form bringen:

$$a_1 = \frac{1}{4}\sqrt{\frac{2\,M_2}{M_1 + M_2}}\left[\sqrt{\frac{2\,M_2}{M_1 + M_2}} + \frac{s_2}{s_1}\right] \text{ und entsprechend } a_2. \quad (7\,\mathrm{d})$$

Diese Umformung ist wegen der 1. Potenz der Molekeldurchmesser bemerkenswert, die zu dem elementaren Ansatz Gl. 16 in einem gewissen Gegensatz zu stehen scheint; mehr noch, weil a_1 danach als temperaturunabhängig erkannt wird.

Die rein theoretische Gleichung setzt elastische Kugeln voraus und geht für gleiche Molgewichte (Mischung isobarer Molekeln) über in einen Ausdruck gleicher Form, worin jetzt aber die Konstanten der beiden Außenglieder in Zähler und Nenner nur von den reinen Komponenten abhängen:

1) S. S. 12 Anm. 1.

$$\left.\begin{array}{l}\eta = \dfrac{\eta_1 k_1 x^2 + (\eta_1 + \eta_2)(k_1 k_2 / k_{12}) \cdot x(1-x) + \eta_2 k_2 (1-x)^2}{k_1 x^2 + \left(\dfrac{k_1 k_2}{k_{12}} + k_{12}\right) x(1-x) + k_2(1-x)^2} \\ \text{worin jedes } k \text{ die Form hat:} \\ k_{12} = (r_1 + r_2)^2 \sqrt{u^2_1 + u^2_2}\end{array}\right\} \quad (7\,e)$$

(r Radien, u^2 Geschwindigkeitsquadrate).

Von dieser Gleichung meint SUTHERLAND, daß sie streng gelten müsse. Wir haben ihre Nachprüfung unternommen.

Man hat die wichtige und interessante SUTHERLANDsche Arbeit offenbar vielfach übersehen. Denn statt ihrer pflegt die genau identische THIESENsche [1]) Gleichung angeführt zu werden, deren Konstanten theoretisch nicht gedeutet wurden.

THIESEN schreibt zur Begründung seines speziellen Ansatzes nur folgendes über die kinematische Reibung b: „b^2 stellt einen Widerstand dar, denken wir uns nun ein Gas in verschiedene Systeme zerlegt, so dürfen wir annehmen, daß der Widerstand des ganzen Mediums sich aus dem Widerstand der einzelnen Systeme zusammensetzen läßt. Daraus folgt, daß für ein einfaches Gas b^2 seiner Dichte proportional zu setzen ist, und daß man allgemein für ein aus mehreren Bestandteilen zusammengesetztes Gas und für den Widerstand, den ein Molekül 1. Art erleidet, wird setzen können:

$$4\,b^2{}_1 = a_{11}\,\varphi_1 + a_{12}\,\varphi_2 + \ldots \quad (8\,a)$$

wo jetzt die a von den φ unabhängige Größen sind.“ Die φ vertreten unser x und $1-x$. THIESENS Schlußgleichung läßt sich auf die Form (6a) bringen, worin:

$$\left.\begin{array}{lll} E = \eta_1 a_{21} a_{11} & F = (\eta_1 + \eta_2)\, a_{11} a_{22} & G = \eta_2 a_{12} a_{22} \\ E' = a_{21} a_{11} & H = a_{12} a_{21} + a_{11} a_{22} & G' = a_{12} a_{22} \end{array}\right\} \quad (8\,b)$$

Im Gegensatz zu SUTHERLAND liegt darin keine Vorschrift zur Berechnung der Konstanten a, insbesondere bleibt offen, ob $a_{12} = a_{21}$ sei. Träfe letzteres zu, dann ließe sich $a_{12} = a_{21}$ als Nenner unter F und H setzen, wodurch es zugleich aus E, E', G und G' verschwände, so daß diese vier Größen Funktionen allein der reinen Stoffe würden. Damit wären dann die SUTHERLANDschen Konstanten k

$$k_1 = a_{11};\quad k_2 = a_{22};\quad k_{12} = a_{12} = a_{21}. \quad (8\,c)$$

Ein Versuch THIESENS, seine Konstanten auf Diffusionskonstante zurückzuführen, ist später durch SCHMIDT [2]), der die Gleichung auf die Messungen anwandte, an der Erfahrung widerlegt worden.

---

[1]) M. THIESEN, Verh. d. D. Phys. Ges. 4, 348. 1902. 8, 236. 1906.

[2]) K. SCHMIDT, Ann. d. Phys. 30, 406. 1909.

Ersichtlich hat THIESEN SUTHERLANDS Arbeit nicht gekannt.

Die THIESENsche Gleichung, von KLEINT[1]) und TÄNZLER[2]) bestätigt, wurde später noch von A. WASSILJEWA[3]) für Wärmeleitungsmessungen an Gasgemischen benützt. In einem Gedankenexperiment verteilt sie die Wärmeleitung in $n_1 + n_2$ Molen einheitlichen Gases auf n_1 und n_2 und ersetzt dann die n_2 durch ein zweites Gas, das seine eigenen Konstanten mitführt, aber nach WASSILJEWA an der Additivität nichts ändert, sofern man die Mischweglängen (L. BOLTZMANN, Gastheorie I, 70) einführt. Es wird jetzt:

$$A = \frac{1}{\sqrt{2}} \cdot \left(\frac{\sigma}{s_1}\right)^2 \sqrt{\frac{M_1 + M_2}{M_2}} \quad \text{und} \quad B = \frac{1}{\sqrt{2}} \left(\frac{\sigma}{s_2}\right)^2 \sqrt{\frac{M_1 + M_2}{M_1}} \tag{9}$$

wobei $\sigma = \frac{s_1 + s_2}{2}$ gesetzt und eben diese Mittelung von der Verf. für die mehrere Prozent ausmachenden Abweichungen von der Wirklichkeit verantwortlich gemacht wird. Die Wirkungssphäre sei eben größer. Kurz, die „THIESEN“sche Gl. reicht für die Wärmeleitzahl nicht aus. Das zeigte sich auch bei WACHSMUTHS[4]) *He-Ar*-Mischungen. Er erweitert daher die Gl. zu der Interpolationsformel:

$$\lambda = \frac{\lambda_1 (1 + a_1 (1-x)/x)}{\left(1 + a_1 \frac{1-x}{x}\right)^2 + \left(b_1 \frac{1-x}{x}\right)^2} + \frac{\lambda_2 (1 + a_2 x / 1 - x)}{\left(1 + a_2 \frac{x}{1-x}\right)^2 + \left(b_2 \frac{1-x}{x}\right)^2} \tag{10}$$

mit komplexen Konstanten a und b; ähnlich verfährt W. ARNOLD[5]). Das ist natürlich kein gangbarer Weg. Zu den Weglängen vgl. M. v. SMOLUCHOWSKI[6]). Während A. GILLE[7]) sich einfach der THIESEN-Gleichung bedient, auf die Empfindlichkeit ihrer Konstanten verweist und hervorhebt, daß sie die nach seiner Ansicht wohl realen Wendepunkte nicht darstelle, bemerkte Herr S. WEBER[8]), daß die THIESEN-Konstanten, falls THIESENS Formel gelten solle, für Reibung und für Wärmeleitung desselben binären Gemischs im Gegensatz zur Erfahrung identisch sein müßten, was weder THIESEN noch WASSILJEWA bemerkt zu haben scheinen. „Die Unterschiede sind so groß, daß eine Ursache vorhanden sein muß,

[1]) F. KLEINT, Inaug.-Diss. Halle 1904. Verh. d. D. Phys. Ges. 7, 146. 1905.
[2]) P. TÄNZLER, Inaug.-Diss. Halle 1904. Verh. d. D. Phys. Ges. 8, 222. 1906.
[3]) A. WASSILJEWA, Phys. Z. 5, 737, 808. 1904.
[4]) J. WACHSMUTH, Inaug.-Diss. Halle 1907.
[5]) W. ARNOLD, Inaug.-Diss. Halle 1913.
[6]) M. v. SMOLUCHOWSKI, Rozprawy Akad. 46, 129. 1906. Krak. Anz. 1906. 202.
[7]) A. GILLE, Ann. d. Phys. IV, 48, 799, 837. 1915.
[8]) S. S. 11 Anm. 2.

welche die Theorie nicht berücksichtigt hat, oder eine Voraussetzung, die nicht erfüllt ist." Er sucht sie in der zwischen verschieden schweren anders als zwischen gleichschweren Molekeln erfolgenden Geschwindigkeitsübertragung und führt, u. W. als erster, die JEANSsche Persistenz in die Wärmeleitzahl ein.

Herrn S. WEBERS Ausdruck — den dieser freilich praktisch nicht benützt — unterscheidet sich vom THIESENschen dadurch, daß vor die Brüche in (7b) je eine Konstante tritt, bei η nämlich k'/k_1 und k''/k_2, bei K aber a'/a_1 und a''/a_2. Der Sinn dieser nicht explizit angegebenen Konstanten steht dem des JEANSschen Persistenzfaktors nahe und soll ausdrücken, wieweit statt der mittleren Weglänge eine von ihr verschiedene Größe einzusetzen ist; enthält also einen Ausbeutefaktor. Herr S. WEBER sieht sich an Hand der Erfahrung gezwungen, von den a und k anzunehmen, daß sie nicht bloß je untereinander verschieden, sondern sogar vom Mischungsverhältnis abhängig seien, stellt auch fest, daß trotz der Persistenz-Erwägungen die A bzw. B für η und K dieselbe Größe haben müßten. Nun ist aber die Persistenzberechnung unsicher, und die Übereinstimmung der berichtigten Formel selbst bei $He-Ar$ noch schlechter als bei der einfachen, so daß Herr WEBER zur früheren Praxis empirischer Bestimmung der Konstanten A und B zurückzukehren empfiehlt.

Übrigens hatte (vor Herrn WEBER) bereits J. P. KUENEN[1]) die Persistenz in η eingeführt und war damit zu sehr verwickelten Gleichungen gekommen, worin die Persistenz außer von M_1 und M_2 noch vom Mischungsverhältnis abhängt:

$$\eta = 0{,}35\, n_1 m_1 u_1 l_1 f_1 + 0{,}35\, n_2 m_2 u_2 l_2 f_2 \tag{11}$$

worin

$$f_1 = \frac{1}{1 - \frac{1}{2}\sqrt{2}\cdot n_1 \pi s_1^2 \left(1 + \frac{C_1}{273}\right) l_1 \cdot 0{,}406 - \frac{M_1}{M_1+M_2} n_2 \pi s_2^2 \sqrt{\frac{M_1+M_2}{M_2}} \left(1 + \frac{C_{12}}{273}\right) l_1 \vartheta_1} \tag{12a}$$

und analog f_2.

„Bei einer einzigen Substanz war $f_1 = 1/1 - 0{,}5\,\delta$; für Zusammenstöße zwischen ungleichen Molekülen soll der Faktor 0,5 durch das Massenverhältnis $\frac{M_1}{M_1+M_2}$ ersetzt werden. Ein ungefähr richtiger Ausdruck wird somit erhalten werden, wenn man in dem Korrektionsfaktor f im Nenner die Stoßzahl zwischen gleichen Molekülen mit dem Faktor 0,5,

[1]) J. P. KUENEN, Comm. of Leiden. Nr. 28, 36 und 38. Suppl. 1913.

diejenige zwischen ungleichen mit $\frac{M_1}{M_1+M_2}$, bzw. $\frac{M_2}{M_1+M_2}$ multipliziert.“

Die Persistenz für ungleiche Molekeln wird dann:

$$\vartheta_1 = \frac{M_1}{2(M_1+M_2)} + \frac{1}{4}\frac{M^2_1}{\sqrt{M_2}\sqrt{(M_1+M_2)^3}} \cdot ln \frac{\sqrt{M_1+M_2}+\sqrt{M_2}}{\sqrt{M_1+M_2}-\sqrt{M_2}} \tag{12b}$$

und l die MAXWELLsche Weglänge ist. Als Mischweglänge dient die nach SUTHERLAND. Der Ansatz setzt arithmetische s-Mittelung, elastische Kugeln, MAXWELLsche Verteilung, Persistenz nach JEANS und Näherungsannahmen voraus.

„Diese Theorie kann für $H_2 - CO_2$ und für $He - Ar$ wenigstens qualitativ von dem Vorhandensein der Maxima Rechenschaft geben.“ Wenn sie also auch der Erfahrung qualitativ gerecht wird, so ist dies doch für solche Komplikation nicht genug.

Eine interessante Deutung haben endlich die Konstanten der SUTHERLAND-THIESENschen Formel durch die Herren GRÜSS [1]) und SCHMICK [2]) erfahren. Sie greifen auf die in diesem Zusammenhang bereits von M. REINGANUM [3]) erörterte und später durch Herrn P. DEBYE in zahlreichen bekannten Arbeiten verwendete Betrachtung der Dipol- (bez. Multipol-) Momente der Molekeln zurück.

Die Herren GRÜSS und SCHMICK berechnen die gegenseitige Anziehung zweier Molekeln, wovon das eine ein Dipol-, das andere ein Quadrupolmoment besitzt. Der Abstand der elektrischen Systeme, deren gegenseitige potentielle Energie gesucht wird, muß groß sein gegenüber der Ausdehnung der Systeme, sonst ändern diese ihren Symmetriecharakter, so daß zu den Quadrupol- auch Dipol- und Pol-Wirkungen kommen. In der Entwicklung der potentiellen Energie nach Kugelfunktionen fallen dann die ersten Glieder nicht fort; in der Tat sind die Dipollängen 1/5 bis 1/10 des Molekeldurchmessers bei den von den Verff. betrachteten Stoffen. Hauptergebnis der Rechnung ist, daß die Anziehungskräfte beim Zusammentreffen von Molekeln ungleicher elektrischer Symmetrie gegen sonst verringert sind, so daß die Weglänge und mit ihr die Wärmeleitzahl steigt. Die Verff. zeigen, daß die Mischungskurve der Wärmeleitzahl von Luftmischungen mit H_2O, NH_3 oder C_2H_2 und die

---

[1]) H. GRÜSS und H. SCHMICK, Wiss. Veröff. a. d. Siemens-Konzern VII, 1, 202. 1928.

[2]) H. SCHMICK, Phys. Z. **29**, 633—640. 1928.

[3]) M. REINGANUM, Ann. d. Phys. IV, **10**, 334. 1903. **38**, 649. 1912.

von CO-NH_3-Mischungen zwischen 20° und 80° qualitativ, einschließlich Maximum, aber ohne den Wendepunkt (bei NH_3-Mischungen), den Verff. für wohl reell halten, dargestellt wird. Luft wird bei den Rechnungen als einheitliches Gas behandelt, was natürlich nur zu Näherungen führen kann. Wesentlich für die Auswahl der Stoffe war die genäherte Gleichheit der Massen und Durchmesser, so daß man das Dipolmoment (H_2O, NH_3) und das Quadrupolmoment (N_2, O_2, CO, CH_4) in ihrer Wechselwirkung für sich studieren konnte. In der Tat ist es auffallend, wie gestreckt Luft-CO_2-Kurven und Luft-CO-Kurven liegen, desgl. Luft-CH_4, während Luft-C_2H_2 erheblich gekrümmt liegt, was Verff. mit der stark ungesättigten Natur in Verbindung bringen; hinzu kommt, daß H_2O, wie NH_3 bei den Meßtemperaturen beide so unvollkommene Gase sind.

Bedenklich bleibt, daß dies die Wärmeleitzahlen erheblich trüben muß; und auch, daß gerade die noch am ehesten isobaren Molekelarten, nämlich CH_4-NH_3 und CH_4-H_2O nicht vermessen sind, so wenig wie genau isobare, die es doch gibt. So bemerkenswert der Gedanke ist, den Zusammenhang des elektrischen Molekelbaus mit dem Zahlwert der Konstanten im Mischungsgesetz zu entwickeln, und eine so große Zukunft ihm auch zukommt, zur Kenntnis von der Form des Mischungsgesetzes selbst trägt er naturgemäß mindestens z. Zt. kaum bei. Denn die genäherte Geltung des SUTHERLAND-Ausdrucks war bereits bekannt. Der Nachweis aber, daß nicht die immerhin bestehenden Querschnitts- und Massenverschiedenheiten der benützten Molekelarten zusammen mit der empirischen Unschärfe der Gleichung an sich den gemessenen, bekanntlich äußerst empfindlichen Konstanten A und B bereits ebenfalls qualitativ gerecht werden könnten, steht noch aus.

Die Herren GRÜSS und SCHMICK sind in gewissem Sinn SUTHERLANDS Anregung, isobare Gase zu mischen, gefolgt; es kann sehr wohl sein, daß die strenge Geltung, die er seinem Mischungsausdruck für isobare Gase zuschrieb, nicht besteht, und daß ein Weg zur Deutung der Abweichungen von ihm hier vorliegt.

Typisch ist für die SUTHERLAND-THIESEN-WASSILJEWA-WEBERschen Ableitungen, daß Reibung wie Wärmeleitung beide gewissermaßen als Diffusions-, als Mischungsvorgänge betrachtet, und daher die beteiligten Molekeln nur in zwei Scharen, Molekeln A und Molekeln B eingeteilt werden. Da Reibung wie Wärmeleitung wesentlich durch die Austauschvorgänge beim Stoß gekennzeichnet sind, so zerfiele die Schar A in solche, die gleichteilige Stöße (A mit A) und solche, die ungleichteilige (A mit B) ausführen. Und ganz entsprechend die Schar B. Damit erhielte man eine viergliedrige Formel. Da aber Stöße A mit B nicht von solchen B mit A zu unterscheiden sind, so reduzierte sie sich auf eine dreigliedrige. Das dritte Glied, von anderer Konzentrationsabhängigkeit als die beiden gleichteiligen, erscheint bei SUTHERLAND-THIESEN-WEBER auf die beiden anderen aufgeteilt. Die richtige Art dieser Aufteilung ist offenbar nicht einfach zu finden. Deshalb sollte man wohl zweckmäßig von Anfang an auf eine dreigliedrige Formel zielen, wie sie bereits von MAXWELL erhalten wurde; diese Linie setzen die Herren CHAPMAN und ENSKOG fort.

1912 hat CHAPMAN[1]), nur unter Voraussetzung kugelsymmetrischer Molekeln, ein Mischungsgesetz für η abgeleitet, das die Molenbrüche x und $1-x$ in derselben Form wie bei MAXWELL enthält. Während aber in einfacheren Ableitungen E und G den Reingas-η der beiden Komponenten proportional sind, und nur F einer Funktion von beiden η, kann man CHAPMANS Ausdruck zwar dieselbe Eigenschaft verleihen, jedoch enthalten bei ihm dann auch E', G' die Reingas-η und H eine Funktion beider; aber letztere ist dann auch nicht mehr einer Funktion von beiden η proportional, sondern von einer solchen Funktion nur noch linear abhängig. Die Abhängigkeit der Konstanten von den η ist also kaum einfacher als bei MAXWELL. Läßt man wie dort reziproke η in den Konstanten stehen, so erhalten sie noch so ziemlich die einfachste Form:

$$\left.\begin{aligned} E &= 1+k\cdot\frac{w_1}{w_2} = \eta_1\cdot E' & F &= 2(1-k)+\frac{1}{g}\left(\frac{1}{\eta_1}+\frac{1}{\eta_2}\right) \\ G &= 1+k\cdot\frac{w_2}{w_1} = \eta_2\cdot G' & g &= \frac{2}{w_1+w_2}\cdot\frac{1}{\varrho_0}\cdot\frac{1}{D_{12}} \\ H &= \left(\frac{w_1+w_2}{w_1 w_2}\right)^2\cdot kg+\frac{1}{g\eta_1\eta_2} & k &= 0{,}6\left(\frac{hM_1M_2}{M_1+M_2}\right)\frac{R''_{12}}{\frac{2}{3}P'_{12}} \end{aligned}\right\} \quad (13)$$

Darin ist D_{12} die Diffusionskonstante, deren Einführung in ein η_1 und η_2 enthaltendes Glied natürlich naheliegt und schon bei MAXWELL und später auch bei ENSKOG[2]) eingeführt wird. Sie bringt aber natürlich die für die betreffende Theorie der Diffusionskonstante gemachten Annahmen bereits in die im übrigen einfachere Frage nach dem Mischungsgesetz für η oder K hinein, hat auch den Nachteil, daß die Prüfung der Ausdrücke an der Erfahrung nicht bloß von den recht genau und rasch (auf einige v. T.) meßbaren η-Werten oder den K-Werten (rd. 1 v. H. genau) abhängt, sondern noch von den z. T. gewiß um einige v. H. unsicheren und unbequem gewinnbaren Daten über Diffusionskonstanten.

Die w sind die Dichten bezogen auf ein Normalgas, während ϱ_0 seine Dichte bei T und p ist. h setzt man nach BOLTZMANN ein. Die Konstanten in k bedingen je nach den Annahmen über die Molekeln einen verschiedenen Zahlwert des k. CHAPMAN fand für harte elastische

[1]) S. CHAPMAN, Trans. Roy. Soc. A. **216**, 279. 1916.

[2]) D. ENSKOG, Phys. Z. **12**, 58. 1911. Inaug.-Diss. Uppsala. 1917.

Kugeln ohne Anziehung $k = 0{,}6$, mit Anziehung $0{,}6 \cdot \frac{1 + 0{,}6 \cdot C_{12}/T}{1 + C_{12}/T}$ (SUTHERLAND-Molekeln), wo C_{12} aus der Diffusionskonstante erhalten wird; für punktförmige Kraftzentren mit Kräften proportional r^n wird $k = 0{,}77$ (MAXWELL-Molekeln).

In der Unentbehrlichkeit spezieller molekulartheoretischer Annahmen für die Berechnung von k liegt, daß auch diese Gleichungen selbst für einatomige Gase nur eine Näherung darstellen können, und daß sie für die praktisch weit wichtigeren mehratomigen Molekeln sehr rasch an Wert verlieren müssen.

Soweit die immerhin umständlichen Ausdrücke an Messungen geprüft sind, fand sich eine Übereinstimmung auf 1—2 v. H.; angesichts der zeitraubenden und nur für idealisierte Sonderfälle einatomiger Gase bindenden Berechnung ein unbefriedigendes Ergebnis, vollends in Anbetracht der Gründlichkeit und des Scharfsinnes, die hier auf die mechanische Behandlung des Reibungsproblems gewendet worden sind. Im letzteren Zusammenhang fällt CHAPMANS lebhafte Anerkennung für die PULUJ sche Mischungsformel einigermaßen auf, indem diese, wie wir sahen, gegen die wohl begründete Ansicht von der weitgehend unabhängigen Fortexistenz „reiner“ Molekeln in Gasgemischen verstößt. Einen entsprechenden Verstoß macht CHAPMAN bei der Wärmeleitung von Gasmischungen. Er gibt nämlich, was die Molenbrüche x und $1-x$ anlangt, zwar einesteils die MAXWELL sche Form, und die 6 Konstanten sind sachgemäß nicht alle mit denen bei η identisch, aber diese MAXWELL sche Form ist einfach mit dem arithmetisch gemittelten C_v der Gasmischung multipliziert. Die physikalische Bedeutung hiervon wäre, daß der elementare Prozeß der Wärmeübertragung zwischen zwei gleichen Molekeln in einem binären Gasgemisch „Kenntnis hätte“ vom Mischungsverhältnis der beiden Gase derart, als ob (in dieser Hinsicht durchaus analog PULUJS Ansatz) die „Molwärme“ der beiden Reingas-Molekeln beim Stoß die des „Gemischs“ sei, was natürlich nicht zutrifft, außer für einatomige Gase, wo die C_v-Mittelung gegenstandslos wird.

CHAPMAN schreibt für die Wärmeleitung binärer Mischung:

$$K = \frac{5}{2} \cdot (w_1 x C_{v1} + w_2 (1-x) C_{v2}) \cdot \frac{E x^2 + F x (1-x) + G (1-x)^2}{E \frac{w_1}{\eta_1} x^2 + F_1 x (1-x) + G \frac{w_2}{\eta_2} (1-x)^2} \tag{14}$$

wobei

$$F_1 = \frac{3 w_1 w_2}{(w_1 + w_2)^2} \cdot \frac{1}{\varrho_0 D_{12}} \left[\frac{2}{9} k (1 + 5 k_2) \frac{(w_1 + w_2)^2}{w_1 w_2} - \frac{5}{4} (k_1 - k_2) \left(\frac{w_2}{w_1} - \frac{w_1}{w_2} \right)^2 \right] + \\ + \frac{2}{9} \frac{(w_1 + w_2)^2}{\eta_1 \eta_2} \varrho_0 D_{12}$$

$$F=\frac{2}{9}\frac{(w_1+w_2)^2}{w_1 w_2}\varrho_0 D_{12}\left(\frac{w_1}{\eta_1}+\frac{w_2}{\eta_2}\right)-\left[\frac{16}{9}k+\frac{5}{6}\frac{(w_1-w_2)^2}{w_1 w_2}(1-k_1)-\frac{1}{3}(1+5k_2)\right]$$

$$E=\frac{8}{9}k-\frac{5}{6}(1-k_1)-\frac{5}{6}(k_1-k_2)\frac{w_1}{w_2}+\frac{w_2}{w_1};$$

$$G=\frac{8}{9}k-\frac{5}{6}(1-k_1)-\frac{5}{6}(k_1-k_2)\frac{w_2}{w_1}+\frac{w_1}{w_2}.$$

Die Bedeutung von k, k_1, k_2 wie bei η; ϱ_0 = Dichte des Normalgases bei Temp. T. Auch hier geht also D ein. Die Übereinstimmung mit der Erfahrung erreicht 3 v.H. Nach allem aber, was man von der Erhaltung der Molekeleigenschaften der Komponenten in verdünnten Gasmischungen heute weiß, möchten wir jeden Ansatz, der ihr so weitgehend widerspricht, für unhaltbar ansehen. In einer molekulartheoretisch nicht unrichtigen Mischungsgleichung für Wärmeleitung darf u. E. in den Gliedern mit der Reingasreibung η_1 auch nur die Molwärme C_{v1} als Faktor vorkommen und nicht eine Mischgröße, und analog C_{v2} bei η_2. Die Mischgröße ist nur dem Glied mit den ungleichteiligen Stößen 1,2 vorzubehalten.

Am sachgemäßesten scheint uns das Problem, wenn man es schon rein mechanisch behandeln will, von D. Enskog bearbeitet zu sein. Seine weit ausholenden Überlegungen[1]) führen auf einen Ausdruck (seine Gl. 173, S. 100), dem man ebenfalls die Maxwellsche Form geben kann, und worin dann die Konstanten E, F, G, E', H, G' gegenüber denen von Sutherland-Thiesen-v. Smoluchowski eine verallgemeinerte Bedeutung haben:

$$\left.\begin{aligned}
&E=E'=\varepsilon_2=\frac{s^2_{12}}{s^2_2}\sqrt{\frac{M_1+M_2}{2M_1}}\cdot\frac{(k^{(1)}{}_2, k^{(1)}{}_2)_{12}}{(k^{(1)}{}_2, k^{(1)}{}_2)_2},\\
&\text{für elastische Kugeln}=\frac{s^2_{12}}{3s^2_2}\sqrt{\frac{2M_1}{M_1+M_2}}\cdot\frac{5M_2+3M_1}{M_1+M_2}\\
&\text{und entsprechend } G=G'=\varepsilon_1.\\
&F=(\eta_1+\eta_2)+2d\sqrt{\eta_1\eta_2};\quad H=(1-d^2+\varepsilon_1\varepsilon_2);\\
&s_{12}=\frac{s_1+s_2}{2}\ \text{für elastische Kugeln.}\\
&d^2=-\frac{s^2_{12}\sqrt{M_1+M_2}\,(k^{(1)}{}_1, k^{(1)}{}_2)_{12}}{s_1 s_2\sqrt[4]{4M_1M_2}\cdot\sqrt{(k^{(1)}{}_1, k^{(1)}{}_1)_1\,(k^{(1)}{}_2, k^{(1)}{}_2)_2}},\\
&\text{für elastische Kugeln}=\frac{8}{9}\cdot\frac{s^4_{12}}{s^2_1 s^2_2}\;\frac{\sqrt{(M_1M_2)^3}}{(M_1+M_2)^3}
\end{aligned}\right\}\qquad(15)$$

[1]) S. S. 19 Anm. 2.

Die Funktionen k nimmt Herr Enskog vom Mischungsverhältnis unabhängig an, setzt aber im übrigen nichts Spezielles über sie voraus. Ihre Bedeutung siehe bei ihm S. 49, 54 und 88; ohne spezielle Annahmen über sie haben die Konstanten auch hier keine festen Zahlwerte, so daß man, um die Ausdrücke auf die Erfahrung anzuwenden, doch wie bei Chapman auf Näherungsannahmen angewiesen bleibt. Diese zeigen z. B. bei Voraussetzung elastischer Kugeln, daß die k von den Molgewichten M noch abhängen, während eine Abhängigkeit von den Molekelquerschnitten s^2 nicht mehr in Betracht gezogen wird. Das ist insofern von Interesse, als wir dadurch instand gesetzt werden, soweit wir von den M und k absehen, $E = E'$ zu einer Funktion des Gases 2 allein, $G = G'$ zu einer des Gases 1 allein zu machen, indem wir alle 6 Glieder in der (Maxwellschen Form der) Mischungsgleichung mit $s^2{}_1 s^2{}_2 / s^2{}_{12}$ multiplizieren.

Setzt man in E, G und d^2 die Klammern in Zähler und Nenner je einander gleich, so fallen sie weg, und es werden dann $E = E' = \varepsilon_2$ und $G = G' = \varepsilon_1$ mit den Konstanten von Sutherland-Thiesen identisch.

Es liegen u. W. keine Versuche vor, Herrn Enskogs Mischungsgleichung, etwa unter Einsetzung der Konstanten für elastische Kugeln an Messungen zu prüfen. Man würde freilich daraus auch kaum schwerwiegende Gründe für oder gegen sie entnehmen können. Denn die Konstanten hängen von einer Variation der Molgewichte M nur unbeträchtlich, von geringfügigen Versuchsfehlern bei der η-Messung aber sehr stark ab, wie eine leichte Diskussion der Ausdrücke zeigt.

In vorstehendem kurzem Bericht haben wir versucht, über alle uns bekannten Arbeiten, die das Mischungsgesetz der Reibung und Wärmeleitung idealer Gase betreffen, einen Überblick zu geben. Mit einer kritischen Ablehnung der Puluj schen Formel verbanden wir den Nachweis, daß alle anderen Mischungsgleichungen sich auf die Form der ältesten unter ihnen, der Maxwellschen bringen lassen. Das ist das eine wichtige Ergebnis. Die Unterschiede der Mischungsgleichungen betreffen nur die Deutung der 6 Konstanten.

In einem Teil der Arbeiten hängen die Konstanten des ersten und dritten Glieds in Zähler und Nenner nur von Eigenschaften je einer der beiden reinen Komponenten ab, so daß nur das Mittelglied im Zähler und Nenner von beiden Stoffen zugleich abhängt.

Wieder in einem Teil dieser Arbeiten unterscheidet sich die Konstante des ersten Zählerglieds nur durch den Faktor η_1, die des dritten Zählerglieds nur durch den Faktor η_2 vom entsprechenden Glied im Nenner. Symmetrischer Bau je des ersten und des dritten Glieds ist selbstverständlich. Fast ausnahmslos wird die Frage nach dem

Einfluß der Konzentrationen x und $1-x$ von Anfang an mit der nach dem Zahlwert der Konstanten verquickt. Merkwürdig ist dies insofern, als auf dem Nachbargebiet, dem der chemischen Reaktionsgeschwindigkeiten, auf solchem Weg wohl kaum eine Einigung auf das kinetische Massenwirkungsgesetz zustande gekommen wäre, als auf die zweckmäßigste Form, unter Offenlassung der Frage nach dem Zahlwert der Konstanten. Eben dies letztere Verfahren aber erscheint am zweckmäßigsten mindestens in dem Sinn, daß man zuerst die Konzentrationsfunktion der Mischreibung und Mischwärmeleitung prüft, und dann erst die absoluten Zahlwerte der Konstanten untersucht. Diesen Weg gehen wir nunmehr.

2. Die allgemeine Form des Mischungsgesetzes.

a) Ableitung. Die Reibung binären Gemischs[1]) setzt sich aus den beiden gleichteiligen Reibungen der reinen Komponenten — Stöße 1,1 und 2,2 — und aus der ungleichteiligen Teilreibung — 1,2-Stöße — zusammen. Bei den üblichen Gasdrucken spielt die reine „Misch"-Reibung[1]) keine selbständige Rolle. Analog S. 8 gilt für jede Teilreibung Gl. (1), worin die Zahlwerte Z, M und die Weglänge λ jeweils ihre dieser Teilreibung zugehörigen Werte haben. Die Weglängenschicht ist also jetzt für die 3 Stoßarten verschieden dick. Die „für alle drei Prozesse mittlere" Weglänge entspräche einem „mittleren Querschnitt q_m", der konzentrationsabhängig zwischen q_1 und q_2 stetig variiert, und wofür Gl. 2 jetzt lautet:

$$\lambda_m = \frac{1}{q_m \cdot \Sigma CA} \tag{2c}$$

Hier muß im Nenner die Summe der Konzentrationen als Faktor stehen, denn auch in Gasmischungen hängt η vom Gesamtdruck nicht ab.

In jedem Fall, wir untersuchen dies S. 24ff. eingehender, kommt man zu folgender Form des Mischungsgesetzes für konstante Temperatur, der Reibungs- (und Wärmeleitungs-) Isotherme:

$$\eta_m = \eta_{11} \cdot \left(\frac{q_1}{q_m}\right)^2 x^2 + 2\,\eta_{12} \cdot \left(\frac{q_{12}}{q_m}\right)^2 x(1-x) + \eta_{22} \cdot \left(\frac{q_2}{q_m}\right)^2 (1-x)^2 \tag{16}$$

Darin ist x der Molenbruch des Gases 1, also $x = \dfrac{C_1}{C_1 + C_2}$

Die Reibung oder Wärmeleitung in einem Gemisch besteht also aus mehreren parallel geschalteten Zweierstoßreaktionen, auf deren jede „ein kinetisches Massenwirkungsgesetz" Anwendung fand. In der Be-

[1]) S. S. 8 Anm. 1.

stimmung der konzentrationsunabhängigen Konstanten η_{12}, q_{12} als Funktionen von η_{11} und η_{22}, q_{11} und q_{22}, allenfalls zuzüglich bekannter Stoffkonstanten, z. B. der Molgewichte M_1 und M_2 und des konzentrationsabhängigen Mittelwerts q_m liegt die weitere Aufgabe.

Bekannt sind in Gl. (16) zunächst nur η_{11}, η_{22} und x, sowie η_m. Bringt man in Gl. (16) q_m nach links zu η_m, dann besteht Konsequenz nur, wenn die linke Seite für $\eta_{11} = \eta_{12} = \eta_{22}$ gleich der rechten wird. Dies erreicht man mit arithmetischer Mittelung der Querschnitte, die vor der s-Mittelung rechnerisch Vorteile bietet:

$$q_m = q_1 x + q_2 (1 - x) \tag{17a}$$

Um auch die unbedeutende Willkür, daß $q^2_{12} = q_1 q_2$ gesetzt wird, auszuschalten, führen wir die von 1 jedenfalls nur wenig abweichende Anpassungskonstante f durch die Gleichung ein:

$$q^2_m = q^2_1 \cdot x^2 + 2\, q_1 q_2 f x (1-x) + q^2_2 (1-x)^2 \tag{17b}$$

Damit ist

$$q^2_{12} = q_1 q_2 \cdot f \tag{17c}$$

definiert, was also dann auch im Zähler des Mittelglieds in (16) erscheint.

f wird eine einfache Funktion voraussichtlich der Molgewichte sein überall dort, wo die Molekel wesentlich Kugelsymmetrie hat. Weicht sie davon ab, so enthält f sterische Einflüsse morphologischer Art. Doch dürften diese Abweichungen stets klein sein, schon weil bereits q_1 und q_2 gemittelt definiert sind.

(16) mit (17b) enthält als Unbekannte das Querschnittsverhältnis

$$\frac{q_1}{q_2} = q \tag{17d}$$

und das „rechte Mittelglied"

$$\eta_{12}(q_{12})^2 = \eta_{12} \cdot q_1 q_2 f. \tag{17e}$$

Beide Größen dürfen von den Konzentrationen nicht mehr abhängen. Im übrigen wird nur verlangt, daß ihre Größenordnung ihrer jeweiligen Bedeutung entspricht.

Zu entbehren ist eine Querschnittsmittelung nicht; sonst kann man Gl. (16) überhaupt nicht prüfen. Ob f für η und K dasselbe sei, bleibt offen.

b) Wir schalten hier eine Diskussion der Mittelungsansätze für η_{12} und q_{12} ein, wobei auch Voraussetzungen unseres Mischungsausdrucks etwas eingehender zur Sprache kommen.

A. Die Stoßzahlen, Geschwindigkeiten und Weglängen.

Zwecks Übersicht der verwendeten Bezeichnungen für die in die Berechnung eingehenden Größen geben wir die folgende Tafel der bekannten gastheoretischen Größen, worin sich die Weiser 1 und 2 auf die beiden Molekelarten 1 und 2 beziehen, MAXWELLsche Verteilung und elastische Kugeln für die spezielleren Ausdrücke vorausgesetzt sind.

	Reines Gas	Binäres Gasgemisch	
	Stoß 1 : 1	Stoß 1 : 2	
Gestoßene Molzahl / cm^3, sec	$Z_{11}=4\,s^2_{11}C^2_1 A\sqrt{\frac{RT\pi}{M_1}}$	$Z_{12}=4\,s^2_{12}C_1C_2A\sqrt{2\,RT\pi\cdot\frac{M_1+M_2}{M_1M_2}}$	
Gestoßene Molekelzahl / cm^3, sec	$z_{11}=Z_{11}A$	$z_{12}=Z_{12}A$	
Zahl der Stöße / cm^3, sec	$z'_{11}=\frac{z_{11}}{2}=\frac{Z_{11}A}{2}$	$z'_{12}=\frac{z_{12}}{2}=\frac{Z_{12}A}{2}$	
Einzelstoßzahl von 1	$N_{11}=\frac{2z'_{11}}{C_1A}=\frac{z_{11}}{C_1A}=\frac{Z_{11}}{C_1}$	von 1 $N_{1_{12}}=\frac{Z_{12}}{2\,C_1}$	von 2 $N_{2_{12}}=\frac{Z_{12}}{2\,C_2}$
Mittlere Geschwindigkeit von 1	$c_1=2\sqrt{\frac{2\,RT}{\pi M_1}}$		
Mittlere Weglänge von 1	$\lambda_1=\frac{c_1}{N_{11}}=\frac{1}{\sqrt{2}\cdot s^2_{11}\pi C_1A}$	$\lambda_{1_{12}}=\frac{c_1}{N_{1_{12}}}=$	$\lambda_{2_{12}}=\frac{c_2}{N_{2_{12}}}=$
Reibungskonstante von 1	$\eta=\frac{1}{s^2_{11}A}\sqrt{\frac{RTM_1}{\pi^3}}$	$=\frac{1}{s^2_{12}\pi C_2A\sqrt{\frac{M_1+M_2}{M_2}}}$	$=\frac{1}{s^2_{12}\pi C_1A\sqrt{\frac{M_1+M_2}{M_1}}}$

A = Loschmidtzahl Molekeln / Mol; s_{11} = Zentraldistanz zweier Molekeln 1,1 beim Stoß.

s_{12} = Zentraldistanz von 1 Molekel 1 und 1 Molekel 2 beim Stoß.

C_1, C_2 = Konzentrationen von 1 und 2 in Mol / cm^3; M_1 und M_2 ihre Molgewichte.

B. Die ungleichteilige Teilreibung η_{12}.

1. Der Elementarprozeß.

Als Stoßzahl geht Z_{12} in (1), bzw. (1a) ein. Gliche je ein Stoß das betr. Geschwindigkeitsgefälle eben aufs Mittel aus, so könnte nicht gleichzeitig entsprechendes für das Temperaturgefälle gelten, wegen c und c^2. Das muß einen Faktor bedingen, der die Konstanten unterscheidet.

2. Die Zahl der ungleichteiligen Stöße.

Sie ist jedenfalls durch Z_{12} (s. o.) gegeben und wird durch das gleichzeitige Eintreten von 1,1-Stößen und 2,2-Stößen ebensowenig geändert wie diese durch sie. Die meßbare Reibungskonstante eines Gasgemischs η_m (bzw. K) muß also additiv aus drei Summanden zusammengesetzt sein, deren jeder einer der drei Stoßzahlen proportional ist. Allen dreien muß die Proportionalitätskonstante $\frac{\lambda_m^2}{2}$ gemeinsam sein. Die mittlere Weglänge λ_m bedeutet die auf S. 8 benützte Schichtdicke, definiert für das betreffende Gasgemisch durch:

$$\eta_m = (Z_{11} M_1 + Z_{12} \frac{M_1 + M_2}{2} + Z_{22} M_2) \cdot \frac{\lambda^2_m}{2} \qquad (18\,a)$$

Dem theoretischen Wert $\eta_m : \lambda^2_m / 2$ kommt also notwendig die Konzentrationsabhängigkeit zu, die der rechte Klammerausdruck in Gl. (18a) angibt; das erste Glied also proportional x^2, das zweite $x(1-x)$, das dritte $(1-x)^2$.

Da im idealen Gas die Stoßzahlen, und wenn die Elementarprozesse der Reibung sich gegenseitig nicht beeinflussen, so dürfen wir uns statt der einen Elementarschicht der Dicke λ_m (die wir nicht kennen) drei getrennte Schichten dieser Dicke vorstellen, die eine im reinen Gas 1, die andere im reinen Gas 2, die dritte im „Gas 1, 2", das wir sogleich erläutern. Gas 1 hat die Konzentration $x\,(C_1 + C_2)$ wie im Gemisch, Gas 2 soll entsprechend $(1-x)\,(C_1 + C_2)$ haben, und was wir unter der „Konzentration" von „Gas 1, 2" verstehen, wird S. 28 besprochen.

Unter der hier meist üblich gewesenen Annahme, daß eine Nachwirkung des einzelnen Stoßes auf Wahrscheinlichkeit oder Effekt des nächsten Stoßes nicht vorhanden sei, rechnen wir so, als ob sich in der λ_m dicken Mischweglängenschicht die Weglängen λ_1, λ_2 und λ_{12} unverändert erhielten. Dann ist die Gesamtzahl der gestoßenen Mole in allen drei Schichten zusammen $Z_{11} + Z_{22} + Z_{12}$. Da außerdem in allen drei getrennten Schichten dasselbe Geschwindigkeitsgefälle herrschen soll, so muß die Summe der Reibungsgrößen in den drei getrennten Schichten gleich der Reibung in einer Schicht der Mischung sein. Und zwar muß dies zutreffen, obschon bei der Betrachtung getrennter Schichten keine Wege einer beliebigen Molekel von einem gleichteiligen zu einem ungleichteiligen Stoß oder umgekehrt vorkommen. Diese „ausfallenden" Wege müssen also bei dieser Betrachtungsweise ohne Einfluß bleiben; d. h. der Wechsel zwischen ungleichteiligen und gleichteiligen Stößen darf auf Wahrscheinlichkeit oder Ausbeute eines von beiden im Mittel keinen Einfluß haben (Sonderfall der soeben angeführten Voraussetzung). Diese Betrachtung schließt manche sonst naheliegende gastheoretische Ansätze aus. Wir haben also damit den gewohnten Weg der Gastheorie bereits verlassen und drei einander ungestört gitterartig durchdringende Gase an Stelle des binären „wirklichen" Gases gesetzt.

Die Molekeln jeder Gasart sind danach je in zwei Scharen zu trennen, eine von „homöophilen" und eine von „heterophilen", mit insofern vorbestimmten Wegen. Wir definierten damit das neue „1, 2-Gas". Unter dem „wirklichen" Gas verstehen wir dabei das Gas der uns gewohnten klassischen mechanischen Struktur; ob sie „wirklicher" ist als die deterministische, bei der sich die Molekeln nach dem genannten Plan treffen, analog gewissen wellenmechanischen Gedankengängen oder etwa dem EINSTEINschen Quanten-Gas, ist zuletzt Erfahrungsfrage.

Um die η unserer drei „reinen" Gase verwenden zu können, erweitern wir:

$$\eta_m = \Bigg[\underbrace{\left(Z_{11} M_1 \frac{\lambda^2{}_1}{2}\right)}_{\eta_{11}} \cdot \frac{2}{\lambda^2{}_1} + \underbrace{\left(Z_{12} \cdot \frac{M_1 + M_2}{2} \cdot \frac{\lambda^2{}_{12}}{2}\right)}_{2\,\eta_{12}} \cdot \frac{2}{\lambda^2{}_{12}} + \underbrace{\left(Z_{22} M_2 \cdot \frac{\lambda^2{}_2}{2}\right)}_{\eta_{22}} \cdot \frac{2}{\lambda^2{}_2}\Bigg] \frac{\lambda^2{}_m}{2} \tag{18 b}$$

Versteht man unter η_m den theoretischen Wert des Misch-η, so folgt (18b) rein formal aus dem bisherigen. Dann sind auch η_{11}, η_{22} und η_{12} und ebenso die drei neu eingeführten λ theoretische Werte. λ_{11} und λ_{22} sind die Rein-Gas-λ aus der Tafel S. 25, je x und $1-x$ verkehrt proportional.

Versteht man aber unter den η-Werten aus der Erfahrung entnommene (über η_{12} in dieser Hinsicht s. w. u. S. 34), so enthalten diese jeweils noch Faktoren φ (s. Gl. 4 S. 8), die zwar immer von der Größenordnung 1, aber doch von Gas zu Gas verschieden sind. Sie enthalten einen Zahlenfaktor und eine Temperaturfunktion (REINGANUM-SUTHERLAND-CHAPMAN). Das Einbeziehen dieser Faktoren φ und die nunmehr auch allgemeinere Bedeutung der Molekelquerschnitte (Verlassen der Voraussetzung elastischer Kugeln) wird an der in Gl. (18a) und (18b) enthaltenen Additivität der drei Stoßglieder voraussichtlich nichts oder nichts Merkliches ändern.

Zunächst wollen wir aber wieder unter den η theoretische Werte verstehen.

Kennten wir λ_{12}, so wäre auch η_{12} bekannt, und Gleichsetzen aller η in Gl. (18b) ergäbe alsdann den gesuchten Ausdruck für λ_m und damit auch η_m.

3. Die ungleichteilige Weglänge λ_{12}.

1. λ_{12} muß der Gesamtkonzentration $C_1 + C_2$ verkehrt proportional sein. Sonst hinge η_{12} noch vom Gesamtdruck ab. Außer-

dem muß η_{12} beim Gleichwerden der Molekeln 1 mit 2 in die Ausdrücke für η_{11}, bzw. η_{22} übergehen.

2. λ_{12} darf das Mischungsverhältnis $x:(1-x)$ und überhaupt x nur als $\sqrt{x(1-x)}$ im Nenner enthalten. Sonst hinge der Wert η_{12} noch vom Teildruckverhältnis der beiden Gase ab. Das stünde im Widerspruch mit der Vorstellung vom ungleichteiligen Gas, das wie einheitliches Gas reiben soll. Da die Stoßzahl in gleichteiligem Gas dem Konzentrationsquadrat proportional ist, so muß die „Konzentration" des ungleichteiligen Gases $\sqrt{C_1 C_2}$ gleich sein, also $(C_1+C_2)\sqrt{x(1-x)}$. Sachgemäß wird sie dann sowohl für $x=0$ wie für $1-x=0$ gleich Null. Für beide Werte wird damit auch die Weglänge unendlich groß.

a) Setzt man:

$$2\lambda_{12}\cdot\sqrt{x(1-x)}=\lambda_{1_{12}}(1-x)+\lambda_{2_{12}}\cdot x, \tag{19a}$$

so wird:

$$\lambda_{12}=\frac{1}{\sqrt{2}\pi\cdot s^2_{12}(C_1+C_2)\sqrt{x(1-x)}\cdot A}\cdot\left[\frac{\sqrt{M_1}+\sqrt{M_2}}{\sqrt{2(M_1+M_2)}}\right]. \tag{19b}$$

b) Setzt man:

$$\lambda_{12}=\frac{\lambda_{1_{12}}+\lambda_{2_{12}}}{2}=\frac{\bar{c}_1 C_1+\bar{c}_2 C_2}{Z_{12}},\ \text{wo}\ x=\frac{C_1}{C_1+C_2}, \tag{19c}$$

so ist:

$$\left.\begin{aligned}\lambda_{12}&=\frac{1}{2\cdot\pi s^2_{12}(C_1+C_2)\sqrt{x(1-x)}\cdot A}\\&\cdot\left[\sqrt{\frac{x}{1-x}}\cdot\sqrt{M_2}+\sqrt{\frac{1-x}{x}}\cdot\sqrt{M_1}\right]\cdot\frac{1}{\sqrt{M_1+M_2}}.\end{aligned}\right\} \tag{19d}$$

Da die 1-2-Reibung η_{12} eine feste Größe wie bei einem reinen Gas sein soll, also unabhängig von x — denn ihre Beteiligung an der Gesamtreibung soll erst durch $x(1-x)$ zum Ausdruck kommen —, so ist derjenige x-Wert aufzusuchen, der η_{12} definiert. Die nächstliegende Wahl ist

α) $x=0{,}5=1-x$. Dann ist die eckige Klammer in (19 d)

$$\sqrt{M_1}+\sqrt{M_2} \tag{19e}$$

das verdoppelte arithmetische Mittel der Wurzeln und man hat auf anderem Weg Gl. (19 b) wieder erhalten. Oder

β) das „Gas 1,2" ist dadurch verkörpert, daß die Konzentrationen im umgekehrten Verhältnis der Molekelgeschwindigkeiten stünden, also die beiden Größen $\lambda_{1_{12}}$ und $\lambda_{2_{12}}$ einander gleich wären. Man erhält dann als eckige Klammer in Gl. (19 d)

$$2\sqrt[4]{M_1 M_2}, \tag{19f}$$

das verdoppelte geometrische Mittel der Wurzeln.

Hier fallen arithmetische und geometrische Mittelung zusammen.

Da in λ_{12} in jedem Fall der mittlere Durchmesser s_{12} stehen bleibt, der doch nur für gewisse sehr idealisierte Fälle (z. B. harte Kugeln) sich auf die Einzelgrößen s_1 und s_2 zurückführen läßt, so ist die Frage danach, ob α) oder β) oder ein noch anderer Ausdruck zutrifft, nicht allgemein beantwortbar und insoweit gegenstandslos.

Sieht man von der durch s_{12} bedingten, einstweilen und überhaupt wahrscheinlich gastheoretisch nicht, sondern nur empirisch behebbaren Ungewißheit ab, so ist η_{12} doch jetzt soweit definiert, daß die Mischungsfunktion angeschrieben werden kann.

C. Das Mischungsgesetz.

Man kann η_{11} und η_{22} für sich messen und λ_{11} wie λ_{22} theoretisch angeben. So setzen wir diese vier Größen ein:

$$\left.\begin{aligned}\Big[\eta_{11}\cdot 2\pi^2 s^4_{11} A^2 (C_1+C_2)^2 x^2 + Z_{12}\left(\frac{M_1+M_2}{4}\right) \\ + \eta_{22}\cdot 2\pi^2 s^4_{22} A^2 (C_1+C_2)^2 (1-x)^2\Big]\lambda^2_m = \eta_m\end{aligned}\right\} \tag{20}$$

Das Mittelglied ist von jeder Annahme über λ_{12} frei und hat den Wert:

$$Z_{12}\frac{M_1+M_2}{4} = s^2_{12} A (C_1+C_2)^2 \sqrt{2RT\pi\frac{(M_1+M_2)^3}{M_1 M_2}}\, x(1-x) \tag{21}$$

Daraus folgt, unabhängig von den besonderen Annahmen über λ_{12}, daß die Form der Konzentrationsabhängigkeit, soweit nicht λ_m in Frage kommt, durch Glieder mit $x^2, x(1-x)$ und $(1-x)^2$ allein gegeben ist, wie schon bei der einfachen Ableitung und bei vorläufiger Mittelung des λ_m empirisch sich ergab.

D. Die Mischweglänge λ_m

erhält man, indem man alle η untereinander gleich und gleich η_m setzt:

$$\frac{1}{\lambda^2_m} = 2\pi^2 s^4_{11} A^2 (C_1+C_2)^2 x^2 + \frac{2}{\lambda^2_{12}} + 2\pi^2 s^4_{22} A^2 (C_1+C_2)^2 (1-x)^2 \tag{22}$$

$$= 2\pi^2 A^2 (C_1+C_2)^2 [s^4_{11} x^2 + 2\cdot s^4_{12} f\cdot x(1-x) + s^4_{22}\cdot(1-x)^2] \tag{23}$$

Also entfällt der Faktor vor der eckigen Klammer $2\pi^2 A^2 (C_1+C_2)^2$, und da von den s auch nur die Verhältniswerte zugänglich sind (s. w. u.), so benützen wir allgemein:

$$\pi s^2 = 4q \tag{23a}$$

und finden bei dieser Ersetzung der Durchmesser durch Wirkungsquerschnitte:

$$\eta_m \overbrace{\left[q^2_{11}x^2 + 2\,q_{11}q_{22}f\cdot x(1-x) + q^2_{22}(1-x)^2\right]}^{q^2_m} =$$

$$= \eta_{11}q^2_{11}x^2 + \underbrace{\frac{q_{12}}{4A}\sqrt{\frac{RT(M_1+M_2)^3}{2\pi M_1 M_2}}}_{2\,\eta_{12}q^2_{12}}\cdot x(1-x) + \eta_{22}q^2_{22}(1-x)^2 \tag{24a}$$

$$\eta_{12}q^2_{12} = \sqrt{\eta_1\eta_2}\cdot q_1 q_2 F f \tag{24b}$$

E. Der ungleichteilige Querschnitt q_{12}.

Dies ist der mittlere Querschnitt bei einem 1,2-Stoß und also eine ganz bestimmte Größe für harte Molekeln.

Es handelt sich um die Wahl von q_{12}, bei der hinreichend einfache Beziehungen zu q_1 und q_2, allenfalls auch zu M_1 und M_2 bestehen, und zugleich in den prüfbaren Konsequenzen des Mittelglieds rechts ebenfalls einfaches herauskommt.

1. Am einfachsten ist $f = 1$ in der früheren Näherung (17c)

$$q^2_{12} = q_{11}q_{22}$$

entsprechend Gl. (17a). Für die rechte Seite gibt das

$$\eta_m\left[q_{11}x + q_{22}(1-x)\right]^2 = \left[\sqrt{\eta_{11}}\cdot q_{11}\cdot x + \sqrt{\eta_{22}}\cdot q_{22}\cdot(1-x)\right]^2 \tag{24c}$$

Dies trifft bei M-Verhältnissen nahe bei 1 bereits recht gut zu, für kleine M_1/M_2 wird η_m erheblich zu klein. Einigermaßen umgekehrt verhält sich einfache arithmetische q-Mittelung.

2. Gastheoretisch pflegt man so zu mitteln:

$$\left(\frac{s_1+s_2}{2}\right)^2 = s^2_{12} = q_{12} = \left(\frac{\sqrt{q_1}+\sqrt{q_2}}{2}\right)^2 = \left(\frac{\frac{q_1+q_2}{2}+\sqrt{q_1q_2}}{2}\right),$$

so daß:

$$q^2_{12} = q_1 q_2\left[\left(6 + 4\left(\sqrt{\frac{q_1}{q_2}} + \sqrt{\frac{q_2}{q_1}}\right) + \frac{q_1}{q_2} + \frac{q_2}{q_1}\right)\cdot\frac{1}{16}\right] \tag{25}$$

3. Geometrische Mittelung hat rechnerische Vorzüge und gibt im wohl extremsten Fall, bei $q_1/q_2 = 4$ nur um 25 v. H. kleinere Werte des Quadrats, als das gastheoretische Verfahren. Andere als diese beiden Mittelungen, von denen die letztere sich durch ihre bekannten Be-

ziehungen zur Quantentheorie (Querschnitts-Paradoxon S. 6) empfiehlt, kommen z. Zt. wohl nicht in Frage.

Anschaulich verständlich ist die geometrische λ- oder q-Mittelung nicht mehr. Trotzdem möchten wir glauben, daß der hier begangene mehr phänomenologische Weg manche Vorzüge hat vor dem bisher begangenen. Denn er ist im Gegensatz zu ihm einfach und kurz und führt zur Deckung der Messungsergebnisse.

F. Bedeutung und Zahlwert des rechten Mittelglieds $2\,\eta_{12}\frac{q^2_{12}}{q_1 q_2}$.

Diesen Zahlwert kann man (Verfahren S. 34ff.) in jedem Fall als Ganzes empirisch ermitteln oder unter geeigneten Voraussetzungen berechnen.

a) Formal notwendig ist seine Form $2\eta_{12}\cdot\frac{q^2_{12}}{q_1 q_2}$. Denn für identische η — was noch nicht identische M fordert — muß man durch Weglassen von η_{12} das linke Mittelglied erhalten. η_{12} muß beim Gleichwerden der beiden Molekelarten in η für reines Gas (Gl. 4) übergehen (s. bereits S. 28 o.).

b) Gastheoretisch bedarf man erstens einer Mittelung für q_{12} aus q_1 und q_2 und wählt (s. o.) die geometrische (Gl. 17c mit $f = 1$) oder die s-Mittelung (Gl. 25). Empirisch muß man f beifügen.

Zweitens fehlt in Gl. (24a) der Faktor φ_{12}, und außerdem ist für ihn eine Mittelungsannahme zu machen, die ihn mit φ_1 und φ_2 verbindet, solange man keine weiteren Kenntnisse über ihn hat; er enthält die Reinganum-Sutherland-Funktion. φ ist für sich nicht zu ermitteln und tritt immer in gleicher Funktionsform wie $1/q$, also auch nur in φ-Verhältnissen auf.

Am einfachsten und voraussetzungslosesten mittelt man φ mittels der beiden Reingas-η. In ihnen ist jeweils φ als Faktor enthalten, und es geht dann also nur die Annahme ein, daß zwecks φ-Mittelung keine weitere φ-Funktion hinzutreten müsse. Bis die Erforschung der η-Temperaturkoeffizienten von Gemischen über eine wesentlich breitere empirische Grundlage verfügt, ist dies der willkürfreiste Weg. Er dürfte sehr wenig Ungenauigkeit in dem Ansatz bedingen.

Bildet man aus den theoretischen, aus S. 25 entnommenen η_1 und η_2 für elastische Kugelmolekeln das arithmetische oder sonst ein Mittel und fügt ihm den Faktor hinzu, der es zu η_{12} in Gl. (24a) ergänzt, so liegt darin keine Annahme, sondern nur eine Umformung. Benützt man aber (vgl. S. 27) für Faktor und Mittel empirisch gefundene q-Verhältnisse und empirisch gefundene η und setzt das Produkt aus Faktor und Mittel gleich der empirisch ermittelten linken Seite von Gl. (24 b), so enthalten die darin vorkommenden Größen $\eta_1; \eta_2; \eta_{12}$ alle ihre zugehörigen φ; und man hat damit die durch die Art der Mittelung angegebene funktionale Beziehung zwischen ihnen postuliert.

Um möglichst voraussetzungslos zu verfahren, setzen wir künftig:

$$\eta_{12} = \sqrt{\eta_1 \eta_2} \cdot F \tag{26a}$$

oder auch

$$\eta_{12} = \frac{(\eta_1 + \eta_2)}{2} \cdot G. \tag{26b}$$

Trifft eine Berechnung des Mittelglieds aus den Außengliedern schließlich zu, so ist auch die Frage nach der Temperaturfunktion des Mittelgliedes auf die nach der für die Außenglieder zurückgeführt und damit alle Fragen nach dem Mischungsgesetz als solchem erledigt. Und zwar für die Gasreibung wie die Gaswärmeleitung. Denn letztere ist genau ebenso zu behandeln. Die Berechnung der Messungen entscheidet darüber.

G. Die allgemeine Gleichung.

Wenn wir im folgenden die Prüfungsmethoden für den Ansatz:

$$\eta_m = \frac{\eta_1 q^2_1 x^2 + 2\sqrt{\eta_1 \eta_2} \cdot q_1 q_2 f F x (1-x) + \eta_2 q^2_2 (1-x)^2}{q^2_1 x^2 + 2 q_1 q_2 f x (1-x) + q^2_2 (1-x)^2} \tag{26c}$$

entwickeln, so kommt es formal gesprochen auf die Prüfung eines Ausdrucks mit 3 Konstanten q, f und F heraus. Diese Anzahl reduziert sich auf 1 bei hinreichend ähnlichen Molgewichten; denn da wird f und F praktisch Eins. Weiter ist zu bedenken, daß auch sonst f sehr nahe bei Eins und F wenigstens in der Größenordnung 1 bis 1,5 bleibt, und endlich, daß das Querschnittsverhältnis q, ebenfalls von 1 (bis 4) nicht allzuweit entfernt, genähert aus anderen Erfahrungen berechnet werden kann und irgendwie bei allen gastheoretischen Ableitungen eines Mischungsausdrucks in ihn eintritt.

Der Mischungsausdruck (26 c) stellt also eine gastheoretisch gewonnene Konzentrationsfunktion dar, wofür induktiv-phänomenologisch die Konstanten gesucht werden.

3. Prüfung des Mischungsgesetzes.

Die Prüfungsmethoden hängen von der Bedeutung nicht ab, die wir den Konstanten unterlegen.

Die Voraussetzung

$$q^2_{12} = q_1 q_2 f,$$

worin f nur von x unabhängig, positiv und von der Größenordnung Eins sein muß, sonst aber keine Forderung zu erfüllen hat, ist die erste Bedingung für die Geltung der in (16) explizit enthaltenen Konzentrationsfunktion des η. Aber sie fordert kaum mehr als diese Geltung. Denn alle q werden von der Temperatur in nicht zu weiten Bereichen nicht merklich abhängen.

Die Voraussetzung

$$\eta^2_{12} = \eta_1 \eta_2 F^2,$$

worin F nur von x unabhängig, positiv und von der Größenordnung Eins sein muß, sonst aber keine Forderung zu erfüllen hat, ist die zweite Bedingung für die Geltung der in (16) explizit enthaltenen Konzentrationsfunktion des η. Ergibt sich F als temperaturunabhängig, so sagt dies für η_{12} geometrische Mittelung seiner Temperaturfunktion aus der von η_1 und η_2 aus.

Zur Prüfung des Mischungsgesetzes gehört, daß unter den beiden genannten Voraussetzungen $q_1/q_2 = q$, weiter q_{12} und η_{12} berechenbar seien. Dies ist in der Tat der Fall. Die Methoden dazu entwickeln wir jetzt.

a) Die experimentelle Prüfung von (26c) kann nach 3 Methoden erfolgen:

α) Man kann roh prüfen, indem man $F = f = 1$ setzt und die ebenfalls konzentrationsunabhängigen Faktoren φ, die explizit in (16) nicht vorkommen, in die Querschnitte q einrechnet, also, was ja genähert zutrifft, für verschiedene Gase einander gleichsetzt. Auch wo dies nicht so ist, heben sie sich z. T. aus dem Ergebnis wieder heraus infolge der Mittelungsweise. In der Tat stellt man mit diesem Verfahren Reibung und Wärmeleitung aller Gasmischungen bereits recht gut dar, und dementsprechend wird auch das so berechnete rechte Mittelglied konstant.

β) Zu strenger Prüfung der Gl. (26c) bringt man q_m nach links, setzt seinen Wert aus (6 d) ein, multipliziert aus und subtrahiert zwei solche Gleichungen für 2 verschiedene x voneinander; dann fällt das Mittelglied, der mittlere Summand rechts ganz heraus, falls $x\,(1-x)$ für beide Gleichungen dasselbe war; falls man also η_m aus dem Mischungsdiagramm bei symmetrischen Ordinaten, bei 10 und 90, 20 und 80, 30 und 70, 40 und 60 v.H. entnommen hatte. Division der erhaltenen Differenz durch q^2_1 liefert für bekanntes f die in q_2/q_1 quadratische Gleichung:

$$\left(\frac{q_2}{q_1}\right)^2 [(\eta_{m1}(1-x)^2 - \eta_{m2}x^2) - \eta_{22}(1-2x)] + \left(\frac{q_2}{q_1}\right) [2(\eta_{m1} - \eta_{m2})x(1-x)]f + \\ + [\eta_{m1}x^2 - \eta_{m2}(1-x)^2] + \eta_{11}(1-2x) = 0. \qquad (27)$$

Setzt man das Mittel von q_2/q_1 in Gl. 6, so erhält man

$$\frac{q_m}{q_1} = x + \left(\frac{q_2}{q_1}\right)(1-x); \quad \frac{q_m}{q_2} = \left(\frac{q_1}{q_2}\right)x + (1-x) \tag{28}$$

und damit die Klammerfaktoren für das erste und dritte Glied in Gl. 16.

Sie wird damit prüfbar. Denn Subtraktion der beiden Außenglieder von der linken Seite und Division durch das jeweilige x $(1-x)$ führt zu einer Größe, woraus q_m durch Multiplikation mit den beiden Ausdrücken (28) herausfällt:

$$2\,\eta_{12} \cdot \frac{q^2_{12}}{q_1 q_2} = \text{konst.} \tag{29}$$

Grundsätzlich ebenso verfährt man, wenn man nicht f als bekannt voraussetzt, sondern seinen Zahlwert unmittelbar aus den Messungen ermitteln will.

Man benützt dann eben zwei symmetrische Ordinatenpaare, erhält damit zwei Differenzengleichungen, jede frei von η_{12} und beide linear in f und quadratisch in q. Formt man um, so kann man $2fq$ ausscheiden und erhält

$$q^2 = \left\{\frac{\dfrac{\eta_2((1-x_1)^2-x^2{}_1)-\eta_{m1}(1-x_1)^2+\eta_{m2}x^2{}_1}{x_1(1-x_1)(\eta_{m1}-\eta_{m2})} - \dfrac{\eta_2((1-x_2)^2-x^2{}_2)-\eta'_{m1}(1-x_2)^2+\eta'_{m2}x^2{}_2}{x_2(1-x_2)(\eta'_{m1}-\eta'_{m2})}}{\dfrac{\eta_1(x^2{}_1-(1-x_1)^2)-\eta_{m1}x^2{}_1+\eta_{m2}(1-x_1)^2}{x_1(1-x_1)(\eta_{m1}-\eta_{m2})} - \dfrac{\eta_1(x^2{}_2-(1-x_2)^2)-\eta'_{m1}x^2{}_2+\eta'_{m2}(1-x_2)^2}{x_2(1-x_2)(\eta'_{m1}-\eta'_{m2})}}\right\} \tag{30a}$$

Darin bezieht sich x_1 auf das erste Ordinatenpaar, bei dem die Konzentrationen x und $(1-x)$ herrschen, x_2 auf das zweite. Zu x_1 gehören die ungestrichenen η_m, zu x_2 die gestrichenen.

Danach wird:

$$f = \frac{(\eta_1 q^2 - \eta_2)(x^2{}_1-(1-x_1)^2) - \eta_{m1}(q^2x^2{}_1+(1-x_1)^2) + \eta_{m2}(q^2(1-x_1)^2+x^2{}_1)}{2\,q\,x_1(1-x_1)(\eta_{m1}-\eta_{m2})} \tag{31}$$

und entsprechend für x_2 und die gestrichenen η_m.

Nach Berechnung von q und f ergibt sich dann auch η_{12} und somit F.

Das rohe Verfahren α) versagt nie, die Differenzenrechnung unter β) bei bekanntem f kann infolge von Versuchsungenauigkeiten bereits in manchen Fällen, vor allem bei sehr gestreckten Mischungskurven, Imaginäres liefern. Da Gl. (30) zweite Differenzen enthält, so führt sie namentlich bei genähert linearen Kurven, wo q und F der Eins sehr nahe kommen, oft zu großem Meßfehlereinfluß, der sich in starker Schwankung der q oder in ihrem Umschlagen in imaginäre Werte äußert. Setzt man hier für $q \approx 1$ Näherungen ein, so erhält man die bequeme, weniger von Meßfehlern abhängige Gleichung:

$$\left(\frac{1-x}{x}\right)^2 - \frac{\eta_{m1} - \eta_{m2}}{(\eta_2 - \eta_1)\, x^2} = q^2 \tag{30 b}$$

worin η_{m1} sich auf Gehalt x am Gas 1 (Reingasreibung η_1) bezieht, η_{m2} auf die dazu symmetrische Ordinate. Oder man rechnet mit $f = 1$ und Gl. (35). Oder man erhält mit dem rohen Verfahren Näherungswerte, die man durch Gabeln verpaßt. Wo nur einzelne imaginäre Werte auftreten, mittelt man etwa alle Quadrate und zieht die Wurzeln aus dem Mittel. Da man alle Werte für symmetrische Ordinaten ausgeglichenen Kurven entnimmt, reicht man im allgemeinen mit diesen einfachen Mitteln aus.

Das Querschnittsverhältnis q, die der Erfahrung zugängliche Größe, ändert sich um 10 und mehr vom H., wenn die η nur um Promille geändert werden. Da diese η nur auf einige Promille sicher sind, so ist die Konstanz des q-Verhältnisses in jedem Diagramm auf etwa $\pm$ 5 v. H. sehr beachtenswert.

Es kommt vor, daß beide Lösungen der Gl. (27) positiv reell sind und keine physikalisch unmöglichen Werte haben. Diese Zweideutigkeit liegt aber erfahrungsmäßig in ganz engem Bereich. Außerdem gibt es verschiedene Verfahren zu ihrer Beseitigung. Entweder das Dreieckverfahren, das neue, wenn auch einleuchtende Voraussetzungen macht und deshalb später (S. 39) zur Sprache kommt. Oder Gl. (30) mit 4 symmetrischen Ordinaten, was der normale Weg wäre, der aber wegen der Fehlereinflüsse nicht immer gangbar ist. Endlich kann man sich, falls man q oder f kennt, was näherungsweise leicht erreichbar ist,

γ) des Randverfahrens bedienen. Kleine Fremdgas-Zusätze zu einem gegebenen („Haupt"-)Gas verändern die Reibung proportional dem Fremdgas-Molenbruch; die Mischungskurve verläuft für hinreichend kleine x linear. Ihr Neigungswinkel kennzeichnet das Fremdgas und enthält als Parameter die Eigenschaften des Hauptgases.

Die spezifische relative Reibungsänderung des Hauptgases 2, als welches z. B. H_2 genommen werden kann:

$$\Delta_2 = \frac{\eta'_m - \eta_2}{x\,\eta_2} \tag{32}$$

wird mit (16) und den Gl. (17) für kleine x, also $x \ll 1$

$$\Delta_2 = 2\,q\,f\left(\frac{\eta_{12}}{\eta_2} - 1\right) \tag{33}$$

und entsprechend wird an der 1-*Axe*:

$$\Delta_1 = 2 \cdot \frac{f}{q}\left(\frac{\eta_{12}}{\eta_1} - 1\right) = \frac{\eta_m - \eta_1}{x\,\eta_1}. \tag{34}$$

Division gibt:

$$w_1 = \frac{\eta_1}{\eta_2} = \frac{\frac{\Delta_2}{q} + 2f}{\Delta_1 q + 2f} \tag{35a}$$

Man erhält:

$$q = \frac{-f(w_1 - 1) \mp \sqrt{f^2 (w_1 - 1)^2 + w_1 \Delta_1 \Delta_2}}{w_1 \Delta_1}$$

und

$$F = \frac{f(\sqrt{w_1} + 1/\sqrt{w_1}) \mp \sqrt{f^2 (\sqrt{w_1} + 1/\sqrt{w_1})^2 - (4 f^2 - \Delta_1 \Delta_2)}}{2f} \tag{35c}$$

Ohne eine Voraussetzung oder Kenntnis über q oder f kommt also das Rand-Verfahren nicht zum Ziel. Bei Kenntnis einer der beiden Größen ist (35) für die andere benützbar; bei Kenntnis beider Größen erfährt man η_{12} aus (37) und (34).

Damit hat man im Randverfahren noch eine gewisse einfache Kontrolle, wenn sie auch nicht empfindlich ist.

b) Das Vorzeichen der relativen Reibungsänderung kann eine hinreichende Bedingung für Maximum oder Minimum der Reibungskurve geben. Da es nur von den Klammerausdrücken in (33) und (34) bedingt wird, indem f und q wesentlich positiv sind, so entscheidet das Vorzeichen von $\eta_{12} - \eta_1$ bzw. $\eta_{12} - \eta_2$. Setzt man für gegebene Temperatur:

$$\eta_{12} = \sqrt{\eta_1 \eta_2} \cdot F,$$

so zeigt Erfahrung, daß F nahe bei 1 liegt und mit der Temperatur, wenn überhaupt, nur sehr wenig veränderlich ist; welch letzteres angesichts der für η gemessenen Temperaturkoeffizienten nicht wundernimmt. So gelten offenbar notwendig die Bedingungen:

für $\eta_2 > \eta_1$	und	$\sqrt{\frac{\eta_1}{\eta_2}} > \frac{1}{F}$	Maximum
„ $<$ „	„	„ $< F$	„
„ $>$ „	„	„ $> F$	Minimum
„ $<$ „	„	„ $< \frac{1}{F}$	„

Man darf daraus schließen, daß F selten oder gar nicht wesentlich unter 1 fallen kann. Denn η-Minima sind nicht bekannt.

Gilt in der rechten Reihe das Gleichheitszeichen, so liegt der Extremwert auf der betreffenden η-Axe selber. Die Maxima rücken erfahrungsgemäß mit steigender Temperatur nach der Seite des Gases mit größerem Temperaturkoeffizienten. Da kehrt dann Δ sein Vorzeichen um, wenn das Maximum auf die Axe rückt.

Für die Wärmeleitung von Gasmischungen gilt mutatis mutandis dasselbe. So ist hier $\sqrt{\frac{K_1}{K_2}}$ wegen der individuellen Verschiedenheit der C_v und der hinzutretenden Zahlenfaktoren von $\sqrt{\frac{\eta_1}{\eta_2}}$ verschieden und also die Aussichten auf Maxima und Minima etwas andere.

Diese Zusammenhänge machen die Funktion F praktisch wichtig.

Bezüglich der Lage der Maxima haben wir bereits früher darauf hingewiesen, daß sie im η-x-Diagramm recht nahe auf einer Geraden liegen. Wir fügen hinzu, daß diese auf den Nullpunkt der einen η-Reingas-Ordinate zielt. Die Unschärfe der Maxima läßt beide Feststellungen etwas unsicher sein. Doch ist sicher, daß bis heute noch keine ernst zu nehmenden theoretischen oder empirischen Gründe dagegen sprechen.

Endlich erlaubt Umformung von (33) zu $$\eta_1 = \eta_2 \left(\frac{\frac{\Delta_2}{2qf} + 1}{F} \right)^2 \qquad (36)$$ aus der Mischreibung sehr verdünnten Gemischs oder mittels der Tangente an die Mischkurve im Punkt auf der Hauptgasaxe η_2 die Reibung des reinen Zusatzgases η_1 zu berechnen.

Man braucht dazu Zahlwerte für q, f und F.

Die Abschätzung von q, f und F teils nach gefundenen Gesetzmäßigkeiten, teils nach Analogieen ist heute schon so zuverlässig, soweit man nicht allzu andersartige Molekelpaare vergleicht, daß man die extrapolatorische Berechnung von η_1 mit einer Sicherheit von etwa $\pm$ 10 v. H. erreicht. Das ist insofern bemerkenswert, als große organische Molekeln z. T. sehr kleine Reibungen haben, mit $\eta = 300 - 500$, anderseits aber auch solche über 1000 und bis gegen $1500 \cdot 10^{-7}$.

Mutatis mutandis gelten diese Erwägungen natürlich ebenfalls für die Gas-Wärmeleitung. Hier vor allem wird die Vorausberechenbarkeit bedeutungsvoll, sobald man den Umrechnungsfaktor von η auf K hinreichend sicher kennt.

Das Ziel der Messungen der Reibungsänderung an verdünnten Gasmischungen ist natürlich sie überflüssig zu machen, indem man die

Regeln aufdeckt, die sie beherrschen und mit der Natur der Gase verknüpfen.

Den Anfang zu diesen Regeln besitzen wir bereits, und weitere Messungen führen notwendig zu ihrer vollen Ermittlung.

c) Abhängigkeit der q, f und F von anderen Größen.

1. Die mögliche geringe Temperaturabhängigkeit der Größen ist, wie bereits bemerkt, für die Geltung des Mischungsgesetzes belanglos.

Bestünde sie wirklich für F, so wäre aber die Definition von F unzweckmäßig, d. h. wohl eine andere η-Mittelung als in (26) vorzuziehen.

Für q besteht eine Temperaturabhängigkeit (vgl. S. 6 o.) dann wohl sicher, wenn die Idealität beider Gase sehr verschieden ist; sie muß mit Übergang zu $v = \infty$ verschwinden. Ein Einfluß gleicher Richtung bei idealen Gasen ist auch schon vermutet und durch verschieden tiefere Einbeulung der Molekeln infolge heftigerer Stöße gedeutet worden. Ein entgegengesetzter Einfluß muß sich geltend machen, wenn die Temperatur zu hinreichend verschiedener Anreicherung angeregter Molekeln führt.

2. Wo eine Abhängigkeit des q oder F von der Konzentration bestünde, läge die Gültigkeitsgrenze des Mischungsausdrucks (16) und der in ihm verwendeten Mittelungen.

3. Die Stoff-Abhängigkeit von q und F muß zwar jeweils symmetrisch sein bezüglich beider Stoffe (in binären, aller Stoffe in polynären Gemischen), ist aber im übrigen zwischen q und F voraussichtlich und auch erfahrungsgemäß ziemlich verschieden.

α) Gastheoretisch läßt sich immerhin vermuten, daß F eine Funktion der Molgewichte allein sei, mindestens sehr genähert; wenn auch der Versuch, hier gastheoretisch allgemein mit der Erfahrung in Einklang zu kommen, wohl keinen Erfolg haben wird.

β) Auch von den Querschnittsverhältnissen q ist gastheoretisch sicher, daß sie in der Größenordnung 1 liegen und praktisch unabhängig sein müssen von Konzentration und Temperatur. Man könnte sie für einfache Fälle wellenmechanisch abschätzen oder aus Gittermessungen oder noch anders.

Faßt man sie als Querschnittsverhältnisse auf und macht man die an sich wohl fast immer üblich gewesene, wennschon nicht selbstverständliche Annahme, es sei q ein Quotient von zwei reinen Stoffkonstanten, also streng multiplikativ, dann bietet jede Molekel jeder beliebigen anderen stets den ihr eigenen unveränderlichen Querschnitt dar. Dann kann man auch zwischen den durch die Zweideutigkeit der Wurzel in Gl. (27) bedingten beiden Werten mittels Gasdreiecken entscheiden, geschlossenen Ketten aus drei binären Diagrammen. Jede Seite gibt ein Verhältnis q_2/q_1 unmittelbar. Division der q_1/q_2 der beiden anderen Seiten muß mittelbar dasselbe q_2/q_1 ergeben. Mit hinreichend vielen Drei- oder Mehrecken oder Polyedern ließe sich wohl jedes mehrdeutige Querschnittsverhältnis eindeutig machen. Nimmt man statt der Dreiecke eine offene Kette, so erhält man die Reihe der relativen Querschnitte, bzw. zur 3/2 Potenz erhoben, die der Molekelvolumina für alle reinen Gase.

Mittels der nun bekannten q-Verhältnisse liefert Gl. (4) jetzt auch alle φ-Verhältnisse.

Die Konstanten q und φ selbst für sich allein lassen sich empirisch so nicht ermitteln, spielen aber, wie man sieht, für die Vorausberechnung der η keine Rolle, weil man nur ihre Verhältnisse braucht.

4. Anwendungen des Mischungsgesetzes.

Außer der auf binäre Gemische kann man die auf ternäre und polynäre ins Auge fassen, wovon wir nur die ternären behandeln wollen. Hierher gehört auch die Reduktion von η auf $v = \infty$, denn die Gasunvollkommenheit läßt sich hier mit Nutzen als geringfügige Dimerie betrachten.

In ternären Gemischen hat man einfach sechs Glieder. Zu den drei Gliedern, die jetzt x^2, $(1-x-y)x$, $(1-x-y)^2$ als Faktoren enthalten, kommen drei weitere, mit $y^2, xy, y\,(1-x-y)$; man hat einfach die Zweierstöße aller gegen alle, die Zahl der Kombinationen zu zweien. Derartige Ausdrücke hat Herr Kipphan[1]) auf meinen Anlaß an der Reibung ternärer Edelgasmischungen geprüft und bestätigt gefunden. Polynäre sind analog zu behandeln.

Die Prüfung mit der rohen Methode S. 33 führte bereits zu sehr guter Darstellung der Messungen an ternären Edelgasmischungen, die Herr Kipphan auf meinen Anlaß vermessen hat. Hierüber wird a. a. O. berichtet.

Zur viskosimetrischen Gasanalyse, die besonders für Edelgase bequem ist, wenn sie auch im allgemeinen wohl durch Herrn Stocks Gaswage an Genauigkeit weit übertroffen wird, kann man sich jetzt des Mischungsgesetzes bedienen, statt die Methode erst für jedes Gaspaar umständlich eichen zu müssen.

---

1) K. Kipphan, s. Anm. Nr. 2 S. 7.

Ein unvollkommenes Gas oder Gasgemisch ist ein vereinfachter Fall binären bis polynären Gemischs. Für reines Gas kommt man mit der Annahme binären Gemischs aus A und A_2 aus. Die Umdeutung der Zustandsgleichung auf Polymere haben auf meine Veranlassung die Herren EMERT und GÜRSCHING[1]) gelegentlich Messungen der Störung des DALTON-Gesetzes behandelt.

Binäres Gemisch unvollkommener Gase ist im allgemeinen quintär, A, B, A_2, B_2, AB, wobei die drei letzteren den Rechenregeln für kleine Größen unterliegen. Der Ansatz wird ganz einfach; es geht jeweils nur die bekannte BERTHELOTsche Konstante a vermöge der Beziehung $p = p_0(1 + ap)$ ein. Der Dimerisationsgrad α wird gleich $-2a$, der Anteil des dimer vorhandenen also $-a$. Man multipliziert das x, bzw. $1 - x$ des betreffenden Gases mit $-a$ und erhält so seinen dimeren Anteil, der als y bezeichnet, und von dem nur die Produkte in x und $1 - x$, nicht aber Quadrat oder Produkt mit anderen y, d. h. anderen Korrektionsgliedern, berücksichtigt werden. Zu Gl. (16) tritt also ein Summand hinzu, z. B. $\eta_{13} q^2{}_{13} y (1 - x - y)$, worin y die Konzentration des dimeren x und 3 der zugehörige Index ist. Also braucht man noch die Reibung η_3 des reinen Dimeren und seinen Treffquerschnitt q_3. Da aber die dafür nötigen empirischen Regeln erst durch weitere Messungen genau werden können, so haben wir die Anbringung dieser jederzeit noch möglichen Korrektion bis dahin noch verschoben. Sie entspräche der Reduktion von C_v auf $v = \infty$ und soll auch als Reduktion von η auf $v = \infty$ bezeichnet werden.

Für unermüdliche und verständnisvolle Hilfe sage ich meinen Mitarbeitern, vor allem den Herren Dr. SCHULZ, Dr. BINKELE, SORG, ZÜNDEL und LUDEWIGS herzlichen Dank.

Der Notgemeinschaft der Deutschen Wissenschaft, der Heidelberger Akademie der Wissenschaften, der Gesellschaft der Freunde der Universität Heidelberg, der J. G. Farbenindustrie A.-G. sowie der Gesellschaft für Lindes Eismaschinen A.-G. in Höllriegelskreuth haben wir für die Gewährung von Mitteln für diese Untersuchungen sehr zu danken.

[1]) M. TRAUTZ und O. EMERT, Z. f. anorg. u. allg. Chem. **150**, 277—303. 1926. M. TRAUTZ und M. GÜRSCHING, Z. f. anorg. u. allg. Chem. **179**, 1—26. 1929.

15. RÜGER, L. u. RÜGER-HAAS, P. Palaeosemaeostoma geryonides v. Huene sp. eine sessile Meduse aus dem Dogger von Wehingen i. W. und Medusina liasica nov. sp., eine coronatenähnliche Meduse aus dem mittleren Lias von Hechingen i. Württemberg. Reichsmark 1·50

Jahrgang 1926

1. KRULL, WOLFGANG. Theorie und Anwendung der verallgemeinerten Abelschen Gruppen. Reichsmark 1·70
2. KLEBS, GEORG. Über periodisch wachsende tropische Baumarten. Reichsmark 1·20
3. MÜLLER, MAX. Über die Oberfläche von Flächenstücken. Reichsmark 1·20
4. ERNST, MAX. Über Anlagen von Organen, die nicht zur Ausbildung gelangen. Reichsmark 0·50
5. ERNST, EMIL. Die optischen Eigenschaften des Andesins von Bodenmais. Reichsmark 1·10
6. LIEPMANN, WILHELM. Leichengeburt bei Ichthyosauriern. Reichsmark 0·90
7. KLEBS, GEORG. Über die Längenperiode der Internodien. Reichsmark 2·40
8. JOST, L. u. v. UBISCH, G. Zur Windefrage. Reichsmark 0·80
9. SALOMON, WILHELM. Gibt es Gesteine, die für bestimmte Erdperioden charakteristisch sind? Reichsmark 0·30
10. ROESER, ERNST. Der reelle Übergang zwischen den beiden nichteuklidischen Geometrien und ihrem Parallelenbegriff. Reichsmark 1·20
11. SALOMON, WILHELM. Kugelförmige Absonderung. Reichsmark 0·80
12. SALOMON, Felsenmeere und Blockstreuungen. Reichsmark 0·80
13. SALOMON, Die Gruppendefinitionen in der Paläontologie. Reichsmark 0·90

Jahrgang 1927.

1. LOEWY, ALFRED. Neue elementare Begründung und Erweiterung der Galoisschen Theorie. Reichsmark 1·60
2. LIEBMANN, HEINRICH. Rhombische Geradennetze im Raum. Reichsmark 1·—
3. VOLK, OTTO. Über geodätische Dreiecknetze auf Flächen konstanten Krümmungsmaßes. Reichsmark 1·80
4. PÜTTER, A. Chemische Reizwirkung und Giftwirkung. Mit einem mathematischen Anhang: Ein Diffussionsproblem von E. TREFFTZ. Reichsmark 2·40
5. REMBS, EDUARD. Die Verbiegung des verlängerten Rotationsellipsoids. Reichsmark 1·60
6. MAYER, ADOLF. Naturwissenschaftliche Ästhetik. Reichsmark 0·90
7. MAYER, ADOLF. Naturwissenschaftliche Volkswirtschaftslehre. Reichsm. 0·80
8. BAER, R., KAPFERER, H., KRULL, W., SCHMIDT, F. K. Beiträge zur Algebra. Nr. 5—10. Reichsmark 6·20
9. MÜLLER, MAX. Über die Eindeutigkeit der Intregale eines Systems gewöhnlicher Differentialgleichungen und die Konvergenz einer Gattung von Verfahren zur Approximation dieser Integrale. Reichsmark 2·50
10. FREUDENBERG, KARL. Intramolekulare Umlagerung optisch-aktiver Systeme. Reichsmark 1·—
11. ROESER, ERNST. Abbildung der hyperbolischen Ebene auf die Kugel mittels der Beziehung zwischen Lot und Parallelwinkel. Reichsmark 1·—
12. RÜGER, L. Die direkte gebirgsgetreue Übertragung der auf dem Universaldrehtisch gewonnenen Messungsergebnisse gebirgsorientierter Schliffe in das Diagramm. Reichsmark 1·20
13. JOST, L. Elektrische Potentialdifferenzen an der Einzelzelle. Reichsmark 1·90

Jahrgang 1928.

1. RÜGER, L. Einige Bemerkungen zur Darstellung tektonischer Elemente, insbesonders von Klüften und Harnischen. Reichsmark 1·20
2. HERBST, CURT. Untersuchungen zur Bestimmung des Geschlechts. Ein neuer Weg zur Lösung des Geschlechtsbestimmungsproblems bei Bonellia viridis. Reichsmark 1·50
3. MERTON, HUGO. Untersuchungen über die Entstehung amöbenähnlicher Zellen aus absterbenden Infusorien. Reichsmark 2·20

4. Baer, Reinhold. Zur Einordnung der Theorie der Mischgruppen in die Gruppentheorie. Reichsmark 2·20
5. Baer, Reinhold. Über die Zerlegungen einer Mischgruppe nach einer Untermischgruppe. Reichsmark 1·50
6. Roeser, Ernst. Komplementäre Körper der beiden nichteuklidischen Geometrien. Reichsmark 1·—
7. Krull, Wolfgang. Primidealketten in allgemeinen Ringbereichen. Reichsmark 1·10
8. Salomon, Wilhelm. Geologische Beobachtungen des Leonardo da Vinci. Reichsmark 0·90
9. Liebmann, Heinrich. Die Sätze von Lie und Gambier über Kurven eines Linienkomplexes. Reichsmark 0·90
10. Merz, K. W. Über den Wirkungsantagonismus von Blutkörperchen und Serum bei chemisch faßbaren biologischen Vorgängen. Reichsmark 1·20
11. Mühlbach, R. Über Raumkurven in der Möbius'schen Geometrie. Reichsmark 1·20
12. Ernst, Paul. Wurzeln der Medizin. Reichsmark 1·50
13. Mayer, Adolf. Naturwissenschaftliche Apologetik des Christentums. Reichsmark 1·60
14. Baer, Reinhold. Beiträge zur Galoisschen Theorie. Reichsmark 1·80
15. Salomon, Wilhelm. Neue geologische Beobachtungen im Baitonegebiet des Adamello. Reichsmark 0·90
16. Erdmannsdörffer, O. H. Über Disthen-Andalusitparagenesen. Reichsm. 1·20
17. Schneidt, Max. Kurvennetze ohne Umwege. Reichsmark 1·30
18. Bopp, K. J. H. Lamberts und A. G. Kaestners Briefe aus den Gothaer Manuskripten herausgegeben. Reichsmark 2·20
19. Freudenberg, K. Zur Kenntnis des Fichtenholz-Lignins. Reichsmark 1·10

Jahrgang 1929:

1. Volk, Otto. Über Flächen mit geodätischen Dreiecksnetzen. Reichsm. 2·50
2. Schmidt, F. K., Krull, W., Breuer, S. Beiträge zur Algebra. Nr. 11—13. Reichsmark 1·80
3. Hieber, W., Zur Kenntnis der chemischen Reaktionen des Eisencarbonyls. Reichsmark 0·90
4. Salomon, Wilhelm. Gletscherbeobachtungen am Vadret Lischanna (Unterengadin). Reichsmark 1·—
5. Salomon, Wilhelm. Arktische Bodenformen in den Alpen. Reichsmark 2·50
6. Müller, Max. Über die Greensche Funktion des Laplaceschen Differentialausdruckes. Reichsmark 1·50
7. Rüger, L. Machairodus latidens Owen aus den altdiluvialen Sanden von Mauer a. d. Elsenz. Reichsmark 0·90
8. Lenard, P. Über Energie und Gravitation. Reichsmark 1·90
9. Deecke, W. Zur Entstehung der Kare. Reichsmark 0·80
10. Roeser, E. Neue Sätze über sphärische und hyperbolische Fünfecke. Reichsmark 1·—
11. Baldus, R. Über Eulers Dreieckssatz in der absoluten Geometrie. Reichsmark 1·—
12. Trautz, M. Die Reibung, Wärmeleitung und Diffusion in Gasmischungen. II. Reichsmark 2·80

Druck: Hermann Böhlaus Nachfolger, Hof-Buchdruckerei, G. m. b. H., Weimar.

Zeitfracht Medien GmbH
Ferdinand-Jühlke-Straße 7
99095 Erfurt, Deutschland
produktsicherheit@kolibri360.de